④　キャリヤのふるまい　⑤　pn 接合
⑥　ショットキー接合

1　次の文の（　）の中に適する用語を下記の語群から選び，その記号を記入せよ。

(1)　図6のように半導体に電界を加えると，（1　　　）は電界の向きに，（2　　　）はその逆方向に移動するため電流が流れる。この現象を（3　　　）という。

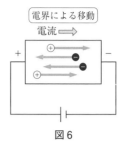

図6

(2)　図7のように半導体内でキャリヤの濃度に差があると，濃度の（4　　　）ほうから（5　　　）ほうに向かってキャリヤが移動するため電流が流れる。この現象を（6　　　）という。

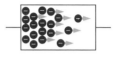

図7

(3)　半導体に（7　　　）や（8　　　）などのエネルギーを外部から加えたり，図8のように電圧を加えたりすると，キャリヤである正孔と自由電子が発生し，一定時間のうちに結合して（9　　　）する。この現象をキャリヤの（10　　　）という。

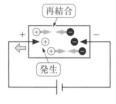

図8

(4)　一つの半導体結晶中でp形半導体とn形半導体が接している状態を（11　　　）接合といい，接合面付近では拡散により図9のように正負の電荷が発生する。このキャリヤの存在しない領域を（12　　　）といい，電流が流れ（13　　　）性質をもっている。

(5)　金属と半導体を接合させたとき，（12　　　）が生じる場合を（14　　　）接合という。

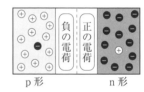

図9

語群

ア．高い　　イ．低い　　ウ．光　　エ．やすい

オ．にくい　　カ．正孔　　キ．自由電子　　ク．熱

ケ．拡散　　コ．空乏層　　サ．消滅　　シ．ドリフト

ス．pn　　セ．再結合　　ソ．ショットキー

JN059948

2 ダイオード （教科書 p. 19〜33）

1 pn 接合ダイオード

1 図1は pn 接合ダイオードの構造図，図記号，極性表示を示した
ものである。次の各問いに答えよ。

(1) 図(a)の（　）に，電流が流れやすくなるように，電圧の極性
を＋−で記入せよ。

(2) 図(b)，図(c)の（　）それぞれに，アノード側ならば A を，カ
ソード側ならば K を記入せよ。

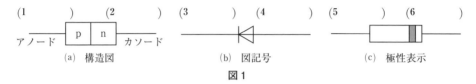

(a) 構造図　　　　(b) 図記号　　　　(c) 極性表示

図1

2 図2と図3は pn 接合ダイオードの電圧・電流特性を示したもの
である。次の（　）に図の A〜E から適する記号を記入せよ。

(1) 図2の点（1　　　）は pn 接合ダイオードに逆電圧を加えた
ときの特性で，点（2　　　）は順電圧を加えたときの特性を示
している。また，点（3　　　）は降伏電圧のときの特性である。

(2) 図3はダイオードの順方向特性を示したもので，曲線
（4　　　）はシリコンダイオード，曲線（5　　　）はゲルマ
ニウムダイオードの特性を示す。

● 降伏電圧
　逆電圧を大きくしたときに
大きな逆電流が流れはじめる
電圧値をいう。

● 順方向特性
　順電圧を加えたときの特性
のこと。

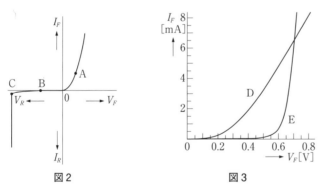

図2　　　　　　　図3

2 ショットキー接合ダイオード

1 次の文の（　）の中に適する用語や数値を次のページの語群か
ら選び，その記号を記入せよ。

(1) ショットキー接合ダイオードは，ショットキー接合となる
（1　　　）と半導体を接合した構造であり，pn 接合ダイオード
と同様に（2　　　）がある。

まえがき

　科目「電子回路」は，電子回路用素子，電子回路の基礎，各種の電子回路などの基礎的基本的内容を取り扱っている科目です。このような電子回路にかかわる知識・技術を身につけるには，実際に鉛筆をもって多くの問題を解くことが肝要です。

　本書は，教科書「電子回路」（実教出版：工業745）に準拠した演習ノートです。生徒の皆さんが教科書で学んだ内容について，それらの基礎的基本的な知識と技術を将来活用できるようにするためには，数多くの類題を解かなければなりません。繰り返し問題を解くといった過程で理解が深まり，学習した内容がしっかり定着します。その学習を手助けするという意味でこの「演習ノート」は編修されています。

　本書を編修するに当たって，次の点に配慮しました。
1.　教科書（実教出版）の構成にならって作成しました。
2.　基本的な内容の理解が深まるように表現や見方を配慮して作成しました。教科書内容の理解補助としても活用できるようにしました。
3.　側注には問題に関するヒントや関連事項を記述しました。問題によっては，それを参考にして解答できるようにしました。
4.　解答編を用意しましたので，自学自習する皆さんは，これを参考にし，一つひとつ確認しつつ，前に進んでください。

　この演習ノートが，生徒の皆さんの実力養成にお役に立つことを願っております。

■ 目 次

第1章　電子回路素子

1　半導体 （教科書 p. 10〜18）

1　半導体と原子

1 次の文の（　）の中に適する用語を下記の語群から選び，その記号を記入せよ。

(1) (1　　　)，(2　　　)，(3　　　) などの物質は抵抗率が図1のAの範囲にあり，これらの物質は電気を通しやすいので (4　　　) と呼ばれている。また，抵抗率がCの範囲にある (5　　　)，(6　　　)，(7　　　) などの物質は電気を通しにくいので，(8　　　) と呼ばれている。

↩ 抵抗率
長さ1m，断面積1m^{2}の物質の電気抵抗

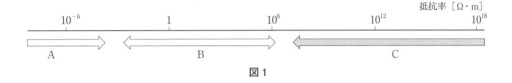

図1

(2) (9　　　)，(10　　　)，(11　　　) などの物質は抵抗率が図1のBの範囲にあり，温度が上昇するにつれて電気抵抗が (12　　　) する。これらの物質を (13　　　) という。

(3) 図2はシリコン原子の構造図である。Aを (14　　　)，最も外側の電子殻にあるBを (15　　　) という。

(4) 図2のBは (16　　　)，(17　　　) などのエネルギーを外部から受けると，Aの拘束から容易に離れてしまう。Aの拘束から離れたBを (18　　　) という。

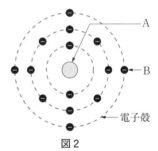

図2

語群

ア．光　　イ．価電子　　ウ．銅　　エ．自由電子

オ．半導体　　カ．銀　　キ．シリコン　　ク．絶縁体

ケ．セレン　　コ．ゴム　　サ．増加　　シ．減少

ス．ニッケル　　セ．ガラス　　ソ．熱　　タ．ゲルマニウム

チ．マイカ　　ツ．原子核　　テ．導体

② 自由電子と正孔の働き　③ 半導体の種類

1 次の文の（　）の中に適する用語や数値を下記の語群から選び，その記号を記入せよ。

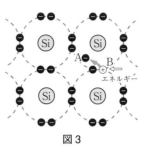

図3

(1) シリコンは価電子の数が（1　　　　）個の原子であるが，シリコンの単結晶では，図3のように，隣り合う原子が価電子を一つずつ出し合った（2　　　　）結合の構造になっている。この結晶中の価電子に光や熱などのエネルギーを加えると，（3　　　　）の電荷をもった価電子は，原子核の拘束から離れてAの（4　　　　）となる。また，電子の抜けたあとには，（5　　　　）の電荷をもったBの（6　　　　）が生じる。このAとBは半導体の電気伝導に深くかかわり，電荷の運び手という意味で（7　　　　）と呼ばれている。

(2) 半導体には，シリコンやゲルマニウムを高純度に精製した（8　　　　）半導体と，これにほかの原子をわずかに加えた（9　　　　）半導体がある。（9　　　　）半導体は，半導体素子としてよく用いられる。

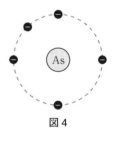

図4

(3) 図4は価電子の数が（10　　　　）個のヒ素原子を表したもので，これをシリコンに不純物として加えると自由電子の数が多くなり，（11　　　　）形半導体になる。このように，自由電子の数を多くするために混入させる不純物を（12　　　　）と呼び，ヒ素のほかに（13　　　　）や（14　　　　）などがある。

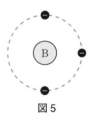

図5

(4) 図5は価電子の数が（15　　　　）個のホウ素原子を表したもので，これをシリコンに不純物として加えると正孔の数が多くなり，（16　　　　）形半導体になる。このように，正孔の数を多くするために混入させる不純物を（17　　　　）と呼び，ホウ素のほかに（18　　　　）や（19　　　　）などがある。

(5) p形半導体の（20　　　　）キャリヤは正孔で（21　　　　）キャリヤは自由電子である。

```
─ 語群 ─────────────────────────────

 ア．リン　　イ．ガリウム　　ウ．インジウム
 エ．アンチモン　　オ．共有　　カ．3　　キ．4　　ク．5
 ケ．p　　コ．n　　サ．正　　シ．負　　ス．少数
 セ．多数　　ソ．ドナー　　タ．アクセプタ　　チ．正孔
 ツ．自由電子　　テ．真性　　ト．不純物　　ナ．キャリヤ

────────────────────────────────────
```

(2) ショットキー接合ダイオードはpn接合ダイオードに比べて
(3) 順電圧で順電流が流れはじめるため (4) 動
作が要求される用途に向いている。順電流が流れはじめる順電圧
は約 (5) Vである。

(3) ショットキー接合ダイオードは，pn接合ダイオードに比べて
逆電流が (6)。

─ 語群 ─
ア．整流作用　　イ．高速　　ウ．低速　　エ．0.6
オ．0.3　　カ．絶縁体　　キ．金属　　ク．小さい
ケ．流れにくい　　コ．流れやすい　　サ．導体
シ．増幅作用

③ ダイオード回路

1 図4の回路において，$E = 3\,\text{V}$，$R = 100\,\Omega$ のとき，V_F [V]，I_F [mA]
および V_R [V] を求めよ。ただし，ダイオードの特性は，図5とする。

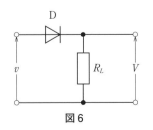

図4

図5

④ ダイオードの最大定格

1 次の文に適する用語を下記の語群から選び，その記号を記入せよ。

(1) 抵抗負荷の半波整流回路で，流せる電流の最大値 (1)
(2) 逆方向に連続的に加えることのできる電圧の最大値 (2)
(3) 逆方向に繰り返し加えることのできる電圧の最大値 (3)
(4) 順方向に流すことのできる過渡的な電流の最大値 (4)

─ 語群 ─
ア．逆電圧　　イ．サージ電流　　ウ．せん頭電圧
エ．平均整流電流　　オ．順電圧　　カ．平均電流

⑤ ダイオードの利用

1 図6の回路に入力電圧 v を加えたときの出力電圧 V を描け。

入力電圧

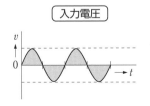

D

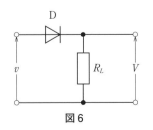

R_L

出力電圧

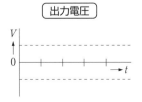

図6

6 その他のダイオード

1 次の文の（　）の中に適する用語を下記の語群から選び，その記号を記入せよ。ただし，同じ用語を重複して選んでもよい。

(1) 図7(a)は（1　　）ダイオードの図記号で，（2　　）ダイオードとも呼ばれている。この素子はダイオードの（3　　）現象を利用して一定の電圧を得ることができる。

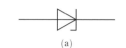

(a)

(2) 図7(b)は（4　　）ダイオードの構造を示したもので，このダイオードは高周波の（5　　）用として用いられている。

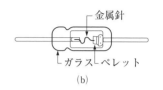

金属針

ガラス　ペレット

(b)

(3) 図7(c)は（6　　）ダイオードの図記号で，（7　　）として多方面に利用されている。この素子はタングステンフィラメントの電球と比べて（8　　）が少なく，（9　　）が長い特徴をもっている。

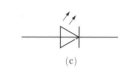

(c)

(4) 図7(d)は（10　　）ダイオードの図記号で，（11　　）ダイオードとも呼ばれている。このダイオードはpn接合に逆電圧を加え，その（12　　）を利用し可変容量素子として働く。

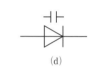

(d)

(5) 図7(e)は（13　　）ダイオードの図記号で，pn接合の間に（14　　）を挟んだ構造をしている。このダイオードはpn接合ダイオードやショットキー接合ダイオードに比べて（15　　）電圧が高く逆電流が流れないため，（16　　）回路などに用いられる。

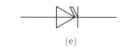

(e)

(6) 図7(f)は（17　　）ダイオードの図記号で，光を電気信号に変換する素子である。光によって発生する起電力を（18　　）という。

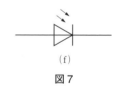

(f)

図7

(7) （19　　）ダイオードから出る光は，（20　　）周波数で（21　　）がそろっているため，焦点をきわめて小さく結ぶことができる。このダイオードは（22　　）や（23　　）などに利用されている。

```
┌─ 語群 ─────────────────────────
│
│  ア．スイッチング　　イ．点接触　　ウ．光源　　エ．pn
│
│  オ．真性半導体　　カ．消費電力　　キ．定電圧
│
│  ク．光通信　　ケ．検波　　コ．可変容量　　サ．レーザ
│
│  シ．接合容量　　ス．降伏　　セ．単一　　ソ．寿命
│
│  タ．発光　　チ．位相　　ツ．光ディスク
│
│  テ．ツェナー　　ト．フォト　　ナ．光起電力
│
│  ニ．pin　　ヌ．バラクタ
│
└────────────────────────────────
```

3 トランジスタ （教科書 p. 34〜40）

1 トランジスタの基本構造

1 次の文の（　）の中に適する用語を下記の語群から選び，その記号を記入せよ。

(1) 図1に示す図記号は $(^1$　　　) 形のトランジスタである。

(2) 図1の図記号で，①を $(^2$　　　)，②を $(^3$　　　)，③を $(^4$　　　) という。

図1

> **語群**
> ア. pn　イ. pnp　ウ. npn　エ. アノード
> オ. エミッタ　カ. ベース　キ. カソード
> ク. コレクタ

2 トランジスタの静特性　 3 トランジスタの基本動作

1 トランジスタのC・E間に電流が流れるように，図2と図3に適切な直流電源を示せ。また，各端子に流れる電流 I_B, I_C, I_E を流れる方向に矢印をつけて示せ。

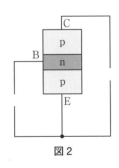

図2

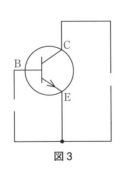

図3

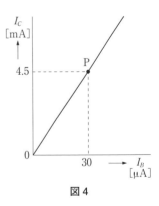

図4

2 図4の点Pにおける，直流電流増幅率 h_{FE} を求めよ。

➡ $h_{FE} = \dfrac{I_C}{I_B}$

4 トランジスタの最大定格

1 最大コレクタ損失 P_{Cmax} が 600 mW のトランジスタで，コレクタ・エミッタ間電圧 V_{CE} が 9 V のとき，コレクタ電流 I_C は最大いくらまで流すことができるか。

➡ $P_{Cmax} = V_{CE} I_C$

4 FET（電界効果トランジスタ）（教科書 p. 41～48）

1 FETの特徴

1 次の文の（　）の中に適する用語を下記の語群から選び，その記号を記入せよ。

(1) 図1はFETの図記号の例である。トランジスタと同様に（1　　　），（2　　　），（3　　　）の三つの端子をもつ。

図1

(2) トランジスタはベース電流 I_B によってコレクタ電流 I_C を制御する（4　　　）であるのに対し，FETは（5　　　）によってドレーン電流 I_D を制御する（6　　　）である。

(3) FETは，（7　　　）FETとMOS FETに大別される。さらに，MOS FETは V_G-I_D 特性によって（8　　　）形と（9　　　）形に分かれる。それぞれの形は（10　　　）と，（11　　　）に分類される。

(4) （12　　　）FETは，微細加工に適し（13　　　）回路に多く用いられている。

語群

ア．電流制御形　　イ．接合形　　ウ．ゲート電圧 V_G

エ．ゲート　　オ．ドレーン　　カ．ソース　　キ．MOS

ク．電圧制御形　　ケ．集積　　コ．nチャネル

サ．デプレション　　シ．pチャネル

ス．エンハンスメント　　セ．結合形

---

2 接合形FET

1 次の文の（　）の中に適する用語を下記の語群から選び，その記号を記入せよ。

図2は接合形FETの構造図を示したもので，Aの端子を（1　　　），Bの端子を（2　　　）と呼んでいる。また，Aの端子とドレーン間にできる（3　　　）をチャネルと呼び，図2は（4　　　）チャネルのFETである。

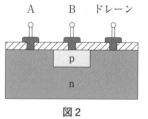

図2

語群

ア．抵抗　　イ．ベース　　ウ．ソース　　エ．ゲート

オ．電流の通路　　カ．電圧の通路　　キ．n　　ク．p

---

2 次の文の（　）の中に適する用語を下記の語群から選び，その記号を記入せよ。

(1) 図3は接合形 FET の図記号である。図3(a)は (1　　　) チャネル，図3(b)は (2　　　) チャネルを表している。

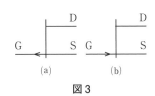

図3

(2) 図4にnチャネル接合形 FET の動作を示す。$V_{GS}=0\,\text{V}$ の場合，空乏層は狭くn形領域の (3　　　) はドレーンの (4　　　) の電圧に引きつけられ，じゅうぶんなドレーン電流 I_D が流れる。

　ゲート・ソース間に逆方向電圧 V_{GS} を加え，しだいに大きくしていくと，(5　　　) が広がり I_D の流れる (6　　　) が (7　　　) なる。V_{GS} をさらに大きくし，I_D が流れなくなるときの V_{GS} を (8　　　) 電圧 V_P という。

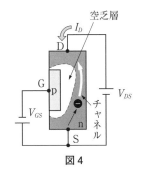

図4

┌─ **語群** ──────────────────────
│　ア．空乏層　　イ．p　　ウ．ピンチオフ　　エ．n
│　オ．狭く　　カ．正　　キ．チャネル　　ク．電子
│　ケ．広く　　コ．負
└──────────────────────────

3 図5の特性をもつ接合形 FET がある。$V_{GS}=-1\,\text{V}$ における相互コンダクタンスを求めよ。

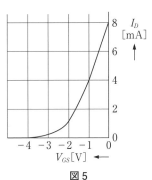

図5

3 MOS FET

1 次の文の（　）の中に適する用語を下記の語群から選び，その記号を記入せよ。

(1) 図6は MOS FET の構造図を示したものであるが，この FET はゲートの構造が (1　　　)，(2　　　)，(3　　　) からなるため，頭文字を取って MOS と呼ばれている。また，MOS FET の構造が接合形 FET と大きく異なる点は，ゲート電極が薄い酸化膜で (4　　　) されていることである。

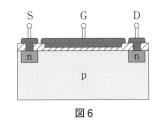

図6

💡 酸化膜は電流を通さない。

(2) 図7は，MOS FET の図記号である。図7(a)は (5　　　) 形 (6　　　) チャネル，図7(b)は (7　　　) 形 (8　　　) チャネルである。

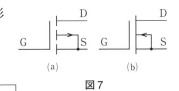

図7

┌─ **語群** ──────────────────────
│　ア．酸化物　　イ．n　　ウ．p　　エ．半導体
│　オ．不純物　　カ．デプレション
│　キ．エンハンスメント　　ク．金属　　ケ．絶縁
└──────────────────────────

2 次の文の（　）の中に適する用語を下記の語群から選び，その記号を記入せよ。ただし，同じ用語を重複して選んでもよい。

(1) 図8は，エンハンスメント形MOS FETの動作原理を表している。図8(a)では，V_{DS}を加えても多数キャリヤであるAの（1　　　　）が移動しないのでドレーン電流は流れない。

次に，図8(b)のようにV_{GS}を加え，電圧を高くしていくと，p形領域内に少数キャリヤであるBの（2　　　　）が集まる。さらにV_{GS}を高くすると，図8(c)のように（3　　　　）チャネルの通路ができ，ドレーン電流I_Dが流れはじめる。I_Dが流れはじめるときのV_{GS}の値を（4　　　　）電圧という。

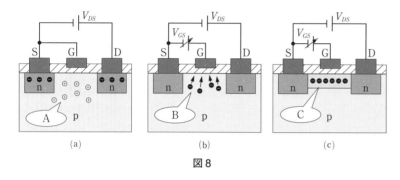

図8

(2) 図9はデプレション形MOS FETの動作原理を示している。製造段階で（5　　　　）が形成されている。したがって，$V_{GS}=0$でもドレーン電流I_Dは（6　　　　）。V_{GS}としてゲートに加える負の電圧を大きくしていくとI_Dは（7　　　　）する。

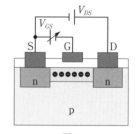

図9

(3) 図10(a)では$V_{GS}=0$なのでI_Dは（8　　　　）。この状態を（9　　　　）状態という。図10(b)のようにしきい値以上のV_{GS}を加えるとI_Dは（10　　　　）。この状態を（11　　　　）状態という。このように二つの状態をつくることを（12　　　　）作用という。

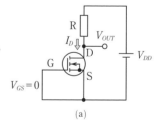

(a)

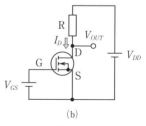

(b)

図10

語群

ア．p　　イ．しきい値　　ウ．スイッチング

エ．自由電子　　オ．流れない　　カ．流れる

キ．正孔　　ク．チャネル　　ケ．減少　　コ．OFF

サ．ON　　シ．増加　　ス．基準値　　セ．アナログ

ソ．n

5　その他の半導体素子 （教科書 p. 49〜50）

1　次の文の（　　）の中に適する用語を下記の語群から選び，その記号を記入せよ。ただし，同じ用語を重複して選んでもよい。

(1)　図1は逆阻止3端子（1　　　）の例である。ゲートに制御電流 I_G を流すとアノードとカソード間に電流が流れる。これを（2　　　）という。また，$V_{AK}=0$ とすることによってアノードとカソード間に電流が流れなくなる。これを（3　　　）という。

(2)　図2は逆阻止3端子（1　　　）の図記号である。①の端子名は（4　　　），②は（5　　　），③は（6　　　）である。

(3)　図3はフォトトランジスタの図記号である。（7　　　）の接合部に光を当てると，（8　　　）電流が流れる。フォトトランジスタは（9　　　）センサとして用いられることが多い。

(4)　半導体素子の中には（10　　　），（11　　　），（12　　　）などの入力を，電圧・電流の出力として取り出せるものがある。（13　　　）は温度によって（14　　　）が変化する半導体素子である。ホール素子は，半導体片に電流を流し，電流の方向と（15　　　）に磁界を加えることによって電圧が発生する半導体素子である。また，光導電セルは，（16　　　）を照射することによって抵抗が変化する半導体素子である。

(5)　トランジスタの表示法で，2SB は（17　　　）周波用の（18　　　）形トランジスタで，2SC は（19　　　）周波用の（20　　　）形トランジスタを表している。

(6)　FET の表示法で，2SK は（21　　　）チャネル FET，2SJ は（22　　　）チャネル FET を表している。

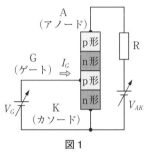

図1

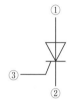

図2

図3

語群

ア．サーミスタ　　イ．抵抗　　ウ．コレクタ

エ．磁気　　オ．ターンオフ　　カ．垂直　　キ．pnp

ク．npn　　ケ．アノード　　コ．熱　　サ．サイリスタ

シ．n　　ス．ゲート　　セ．ターンオン　　ソ．受光

タ．光　　チ．p　　ツ．高　　テ．低　　ト．カソード

ナ．ベース

6 集積回路 （教科書 p. 51〜57）

1 集積回路（IC）の製造と分類　2 集積回路の特徴と分類

1 次の文の（　　）の中に適する用語を下記の語群から選び，その記号を記入せよ。

(1) シリコンウェーハを高温加熱した中にシリコン化合物の蒸気と水素を送り込み，n形やp形のシリコンの層を成長させることを（1　　　）成長という。成長させた表面を（2　　　）でおおって保護し，必要に応じホトエッチングで部分的に除去して素子をつくったり，配線を施したりして集積回路（IC）を構成する。

> シリコンはナトリウムイオンの影響を受けやすく，影響を受けると安定したn形，p形の半導体ができないので，保護しなければならない。

(2) 抵抗やコンデンサ，トランジスタなどを一つのシリコンチップに形成する集積回路を（3　　　）ICといい，このように一つの平面上に素子をつくることを（4　　　）構造という。

これに対して，回路素子を混成して組み込み，樹脂で固めた集積回路を（5　　　）ICという。

(3) モノリシックICは，使用するトランジスタの種類によって構造上大きく二つに分類されている。MOS ICは，MOS（6　　　）を中心としてつくられた集積回路で，とくにpチャネルとnチャネルを相補形に組み合わせたものを（7　　　）MOS ICという。

（8　　　）ICはトランジスタを中心としてつくられた集積回路で，同じ機能をもつMOS ICに比べて（9　　　）は大きい。

語群

ア．プレーナ　　イ．バイポーラ　　ウ．モノリシック
エ．ハイブリッド　　オ．エピタキシャル　　カ．酸化膜
キ．C　　ク．pn　　ケ．消費電力　　コ．FET

---

2 次のア〜エは，下記の二つのICを比較したときの記述である。各ICに適するほうの記述を線で結べ。

(1) バイポーラIC・ 　　　　・ア．雑音余裕が大きい

　　　　　　　　　　　　　・イ．集積度を高くとりやすい

(2) CMOS IC　・ 　　　　・ウ．消費電力が大きい

　　　　　　　　　　　　　・エ．応答速度が速い

> 雑音余裕の大きい回路のほうが，ノイズに対して誤動作が少ない。

章 末 問 題

1 真性半導体に不純物をわずかに混ぜることによって不純物半導体がつくられる。次の表の（　　）に適切な用語や数値を記入せよ。

不純物の価電子数	(1　　　　　　)個	(8　　　　　　)個
不純物半導体名称	(2　　　)形半導体	(9　　　)形半導体
不純物の元素名	(3　　　　　　)	(10　　　　　　)
	(4　　　　　　)	(11　　　　　　)
	(5　　　　　　)	(12　　　　　　)
不純物名称	アクセプタ	ドナー
多数キャリヤ	(6　　　　　　)	(13　　　　　　)
少数キャリヤ	(7　　　　　　)	(14　　　　　　)

2 次の素子の各部端子の名称を（　　）に記入せよ。

(1　　　　　) (2　　　　　)　　　　(4　　　　　　)　　　　(7　　　　　　)

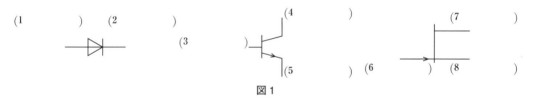

(3　　　)　　(5　　　　) (6　　) (8　　　　　)

図 1

3 図 2 のダイオード回路のダイオード D_x に流れる電流 I_F[mA]，ダイオードの電圧降下 V_F[V]，抵抗の電圧降下 V_R[V] を求めよ。

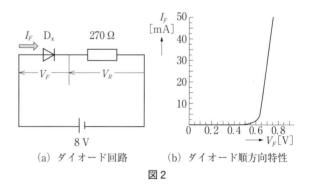

(a) ダイオード回路　　(b) ダイオード順方向特性

図 2

4 直流電流増幅率 $h_{FE}=200$ のトランジスタで，コレクタ電流が $I_C=3\,\mathrm{mA}$ 流れている。このときのベース電流 I_B を求めよ。

5 n チャネル接合形 FET で，$V_{GS}=-0.32\,\mathrm{V}$ のとき $I_D=1.6\,\mathrm{mA}$，$V_{GS}=-0.48\,\mathrm{V}$ のとき $I_D=1.2\,\mathrm{mA}$ であった。相互コンダクタンス g_m を求めよ。

第2章　増幅回路の基礎

1 増幅とは （教科書 p. 62〜64）

1 増幅の原理　**2** 増幅器の分類

1 次の文の（　）の中に適する用語を下記の語群から選び，その記号を記入せよ。ただし，同じ用語を重複して選んでもよい。

(1) 図1は増幅の原理を示している。増幅回路では電源から供給される（1　　）の電気エネルギーによって，振幅の小さい（2　　）信号を振幅の大きい（3　　）信号に変換する。

　増幅回路に入力する信号源は（4　　）や（5　　）などで，負荷には（6　　）や（7　　）などを接続する。

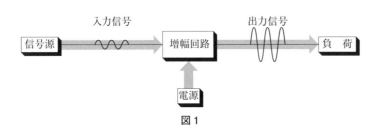

入力信号　　　　　　　　　　出力信号

信号源　→　増幅回路　→　負　荷

電源

図1

(2) 増幅回路を出力電力の大きさによって分類すると，振幅の（8　　）電圧・電流を取り扱う小信号増幅器と（9　　）電力を取り扱う大信号増幅器に分かれる。

　音声増幅器では小信号増幅器と大信号増幅器を組み合わせて用いる場合が多く，小信号増幅器を（10　　）増幅器，大信号増幅器を（11　　）増幅器や（12　　）増幅器という。

(3) 増幅回路を周波数の領域によって分類すると，身近なところでは，音声信号を増幅する（13　　）増幅器，ラジオ放送や宇宙通信などの無線通信に使用される（14　　）増幅器，ひじょうに周波数の低い信号を増幅する（15　　）増幅器などがある。

🔷 音声増幅器の小信号増幅器をプリアンプ，大信号増幅器をメインアンプともいう。

```
┌─ 語群 ─────────────────────────┐
│  ア．センサ　　イ．スピーカ　　ウ．マイクロホン      │
│  エ．継電器　　オ．入力　　カ．出力　　キ．小さい      │
│  ク．大きい　　ケ．直流　　コ．低周波　　サ．高周波     │
│  シ．主　　ス．前置　　セ．電力                │
└────────────────────────────┘
```

2 トランジスタ増幅回路の基礎 （教科書 p. 65〜84）

1 トランジスタによる増幅の原理

1 図 1 の I_B-I_C 特性の点 P における直流電流増幅率 h_{FE} を求めよ。ま ⊖ $h_{FE} = \dfrac{I_C}{I_B},\ h_{fe} = \dfrac{\Delta I_C}{\Delta I_B}$

た，点 P における小信号電流増幅率 h_{fe} を求めよ。

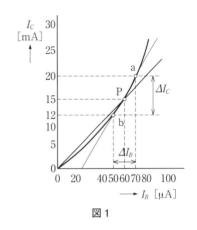

図 1

2 図 2 (a)はトランジスタのベース電流を示した波形で，直流分と交 流分の両方を含んでいる。この波形の直流分を図 2 (b)に示し，交流 ⊖ $i_B = I_B + i_b$

分を図 2 (c)に示せ。

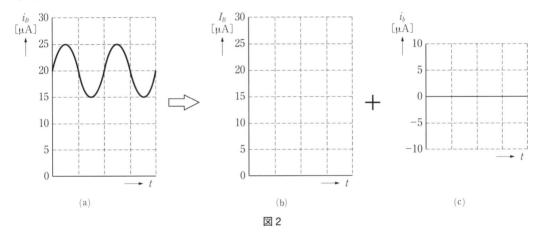

(a)　　　　　　　　　　(b)　　　　　　　　　　(c)

図 2

3 次の(1)〜(3)は，電圧・電流の直流分と交流分の表し方（教科書で 用いている表示方法）を示している。ア〜ウの説明文と適するもの を線で結べ。

(1) 大文字に大文字の添字・　　　・ア. 交流分だけの場合

(2) 小文字に小文字の添字・　　　・イ. 直流分と交流分を含む場合

(3) 小文字に大文字の添字・　　　・ウ. 直流分だけの場合

② トランジスタの基本増幅回路

1 次の文の（　　）の中に適する用語や式を下記の語群から選び，その記号を記入せよ。ただし，同じものを重複して選んでもよい。

(1) 図3は三つの接地方式による基本増幅回路を示したものである。図3(a)を（1　　　　）接地増幅回路，(b)を（2　　　　）接地増幅回路，(c)を（3　　　　）接地増幅回路と呼ぶ。(a)～(c)のなかで，（4　　　　）接地増幅回路が最も広く使用されている。

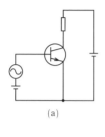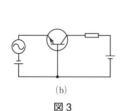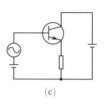

(a)　　　　　　　(b)　　　　　　　(c)

図3

(2) トランジスタを動作させるために必要な直流の電圧や電流を（5　　　　）という。

図4の回路でトランジスタの直流電流増幅率を h_{FE} とすると，コレクタ電流は $I_C =$（6　　　　）の式となる。また，V_{CC}，I_C，R_C を用いると $V_{RC} =$（7　　　　），$V_{CE} =$（8　　　　）となり，これらの式から R_C の端子電圧やコレクタ・エミッタ間電圧を求めることができる。

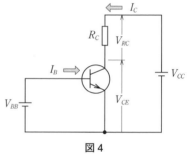

図4

(3) 図5は図4のトランジスタ回路の直流負荷線を示したものである。図の点Pを（9　　　　）といい，出力波形がひずまないようにするため，通常は負荷線の（10　　　　）に設定している。また，直流負荷線の点Aは $V_{CE} = 0$ より $I_C =$（11　　　　），点Bは $I_C = 0$ より $V_{CE} =$（12　　　　）の式で求められる。

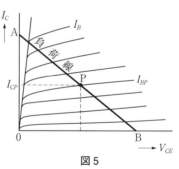

図5

語群

ア. 左　　イ. 中央　　ウ. 右　　エ. バイアス

オ. バイパス　　カ. カソード　　キ. アノード　　ク. p

ケ. n　　コ. ベース　　サ. コレクタ　　シ. エミッタ

ス. 動作点　　セ. 負荷点　　ソ. V_{CC}　　タ. I_C

チ. R_C　　ツ. $h_{FE}I_B$　　テ. $\dfrac{I_B}{h_{FE}}$　　ト. $\dfrac{R_C}{V_{CC}}$

ナ. $\dfrac{V_{CC}}{R_C}$　　ニ. $V_{CC} - R_C I_C$　　ヌ. $R_C I_C$

---

2 図6のエミッタ接地増幅回路について，次の各問いに答えよ。ただし，(1)～(4)は直流分のみを考えよ。また，トランジスタの静特性を図7に表す。

(1) 図6で $V_{CE}=0$ のときの I_C を求めよ。

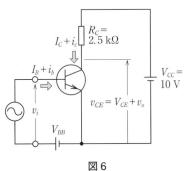

図6

(2) 図6で $I_C=0$ のときの V_{CE} を求めよ。

(3) 図7に直流負荷線を引き，$V_{CE}=\dfrac{V_{CC}}{2}$ の位置に動作点 P を示せ。

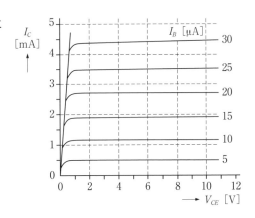

図7

(4) 動作点 P の直流電流増幅率 h_{FE} を求めよ。

(5) 動作点 P において，ベース電流 i_b に最大値が $5\,\mu\mathrm{A}$ の正弦波を入力したときの i_b，i_c，v_o の波形を図7に描け。

(6) コレクタ電流 i_c と出力電圧 v_o の最大値はおよそいくらか。図7で描いた i_c と v_o から求めよ。

3 ある増幅回路において，入出力の正弦波交流電圧・電流の最大値
をそれぞれ V_{im}，I_{im}，V_{om}，I_{om} とする。次の各問いに答えよ。

(1) $V_{im} = 20\,\text{mV}$，$V_{om} = 3\,\text{V}$ のときの電圧増幅度 A_v を求めよ。　➔ $A_v = \left| \dfrac{v_o}{v_i} \right|$

(2) $I_{om} = 1\,\text{mA}$，電流増幅度 $A_i = 100$ のときの I_{im} を求めよ。　➔ $A_i = \left| \dfrac{i_o}{i_i} \right|$

(3) (1)と(2)が同じ入力信号の値であるとき，入力電力 P_i，出力電　➔ 電力は電圧と電流の実効値
力 P_o，電力増幅度 A_p を求めよ。　　　　　　　　　　　　　　　の積から求める。
$A_p = \left| \dfrac{P_o}{P_i} \right|$

4 $A_v = 250$，$A_i = 160$ の増幅回路の電圧利得 G_v，電流利得 G_i，電力　➔ $G_v = 20 \log_{10} A_v$ 〔dB〕
利得 G_p を求めよ。　　　　　　　　　　　　　　　　　　　　　　　$G_i = 20 \log_{10} A_i$ 〔dB〕
　　　　　　　　　　　　　　　　　　　　　　　　　　　　　　　　$G_p = 10 \log_{10} A_p$ 〔dB〕

➔ $\log_{10} 4 \fallingdotseq 0.6$
として計算する。

5 電圧利得 $G_v = 40\,\text{dB}$ の増幅回路の出力電圧が $v_o = 2\,\text{V}$ であった。
そのときの入力電圧 v_i を求めよ。

6 図8の多段増幅回路において，3段目にある増幅回路の電力利得
G_{p3}〔dB〕を求めよ。

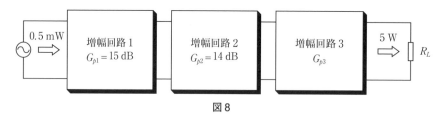

図8

③　トランジスタの h パラメータと小信号等価回路

1　次の表はトランジスタの h パラメータを示したものである。(　　)
の中に適する用語や式を下記の語群から選び，その記号を記入せよ。

↪ h パラメータはトランジスタの電圧・電流の関係を示した定数である。

h パラメータ	名称	定義式
h_{fe}	(1　　　)	(2　　　)
(3　　　)	入力インピーダンス	(4　　　)
h_{oe}	(5　　　)	(6　　　)
(7　　　)	(8　　　)	$\dfrac{\Delta V_{BE}}{\Delta V_{CE}}$

語群

ア．h_{FE}　　イ．h_{re}　　ウ．h_{ie}　　エ．電圧帰還率

オ．直流電流増幅率　　カ．小信号電流増幅率

キ．出力アドミタンス　　ク．$\dfrac{\Delta I_C}{\Delta I_B}$　　ケ．$\dfrac{I_C}{I_B}$

コ．$\dfrac{\Delta V_{BE}}{\Delta I_B}$　　サ．$\dfrac{\Delta I_C}{\Delta V_{CE}}$

↪ h_{FE}：直流電流増幅率

2　図 9 のエミッタ接地増幅回路で，h パラメータの値が
$h_{ie}=4\,\mathrm{k\Omega}$，$h_{fe}=200$ のとき，次の各問いに答えよ。

(1)　図 9 の回路を簡単化した等価回路で示せ。ただし，
h パラメータや抵抗などは記号のままでよい。

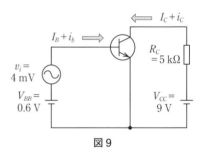

図 9

(2)　図 9 の回路で，電圧，電流，電力の各増幅度 A_v，A_i，A_p，およ
び電力利得 G_p を求めよ。また，入出力インピーダンス Z_i，Z_o
を求めよ。

↪ $\log_{10}5 \fallingdotseq 0.7$ として計算する。

❸ トランジスタのバイアス回路 （教科書 p. 85〜91）

１ バイアス回路の安定度　２ バイアス回路の種類と特徴

1 次の文の（　）の中に適する用語を下記の語群から選び，その記号を記入せよ。ただし，同じものを重複して選んでもよい。

(1) トランジスタは温度に対して敏感であり，温度変化などで動作点が移動すると出力波形に（1　　）が生じたり，温度が上昇し続けると（2　　）によりトランジスタが破壊されたりすることもある。したがって，トランジスタのバイアス回路はできるだけ（3　　）のよい回路を用いる。

(2) 図1(a)を（4　　）バイアス回路といい，安定度が図1(b)よりも（5　　）。しかし，（6　　）が低下する欠点がある。

> 🔖 安定度
> 温度変化に対する動作点の移動しにくさの度合い。

(3) 図1(b)を（7　　）バイアス回路といい，この3種類の回路のなかでは安定度が最も（8　　）。しかし，簡単に回路を構成できる利点がある。

(4) 図1(c)を（9　　）バイアス回路といい，この3種類の回路のなかでは安定度が最も（10　　）。

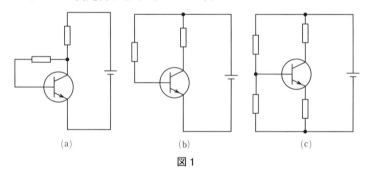

図1

語群

ア．固定　　イ．自己　　ウ．電流帰還　　エ．利得

オ．電流　　カ．電圧　　キ．よい　　ク．悪い

ケ．熱暴走　　コ．可変　　サ．ブリーダ　　シ．ひずみ

ス．安定度

2　図2の回路について，次の各問いに答えよ。

(1)　$V_{CC}=12\,\mathrm{V}$，$I_C=2\,\mathrm{mA}$，$h_{FE}=100$ のとき，R_B，R_C の値を求めよ。

(2)　$V_{CC}=6\,\mathrm{V}$，$R_B=270\,\mathrm{k\Omega}$，$h_{FE}=150$ のとき，I_C，R_C の値を求めよ。

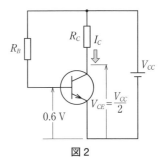

図2

3　図3の回路について，$I_E \fallingdotseq I_C$ として，次の各問いに答えよ。

(1)　$V_{CC}=6\,\mathrm{V}$，$I_C=1.5\,\mathrm{mA}$，$R_C=3\,\mathrm{k\Omega}$，$h_{FE}=100$ のとき，R_B の値を求めよ。

(2)　$V_{CC}=9\,\mathrm{V}$，$V_{CE}=\dfrac{V_{CC}}{2}$，$I_B=10\,\mathrm{\mu A}$，$h_{FE}=120$ のとき，R_B，R_C の値を求めよ。

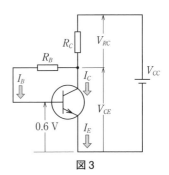

図3

4　図4の回路について，$I_E \fallingdotseq I_C$ として，次の各問いに答えよ。

(1)　$V_{CC}=12\,\mathrm{V}$，$I_C=1\,\mathrm{mA}$，$R_C=5.5\,\mathrm{k\Omega}$，$h_{FE}=160$，$I_A=20\,I_B$ のとき，R_B，R_A，R_E の値を求めよ。

(2)　$V_{CC}=6\,\mathrm{V}$，$V_{CE}=V_{RC}$，$I_C=2\,\mathrm{mA}$，$h_{FE}=100$，$I_A=20\,I_B$ のとき，R_B，R_A，R_C，R_E の値を求めよ。

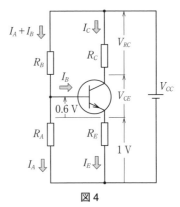

図4

4 トランジスタによる小信号増幅回路 （教科書 p. 92〜99）

1 小信号増幅回路の基本特性

1 次の文の（　）の中に適する用語や数値を下記の語群から選び，その記号を記入せよ。

(1) 図1は，多段増幅回路の1段を取り出した回路で，R_i は次段の入力インピーダンスである。図の中の C_1 と C_2 は（1　　）分を阻止し，（2　　）分だけを通すためのコンデンサで，（3　　）コンデンサという。また，C_E は交流信号分に対してエミッタを（4　　）するためのコンデンサで（5　　）コンデンサという。

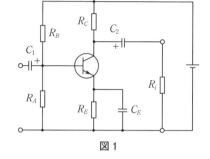

図1

(2) 図1の回路で，C_1，C_2，C_E のインピーダンスが使用する（6　　）においてじゅうぶん小さければ，これらのインピーダンスは無視することができる。したがって，出力側を交流信号についてだけ考えると，（7　　）の並列合成抵抗 R_L になる。この R_L を（8　　）抵抗と呼んでいる。

(3) 図2は実際の増幅回路の周波数特性を示したもので，C_1，C_2，C_E の影響により低域と高域の周波数で出力電圧が低下している。中域の周波数に比べて出力電圧が（9　　）dB $\left(\dfrac{1}{\sqrt{2}}倍\right)$ 低下するときの f_{CL} を（10　　）遮断周波数，f_{CH} を（11　　）遮断周波数という。また，$f_{CH}-f_{CL}=B$ を（12　　）という。

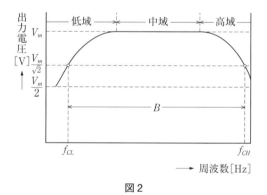

図2

語群

ア．R_E と R_i　　イ．R_C と R_i　　ウ．3　　エ．1

オ．交流信号　　カ．直流　　キ．高域　　ク．低域

ケ．結合　　コ．反結合　　サ．バイパス　　シ．バイアス

ス．電圧　　セ．電流　　ソ．周波数　　タ．負荷

チ．帯域幅　　ツ．接地

5 トランジスタによる小信号増幅回路の設計 （教科書 p. 100〜107）

1 設計条件 **2** バイアス回路の設計
3 電圧・電流増幅度と入出力インピーダンス
4 C_1，C_2，C_E の計算 **5** まとめ

1 下記に示す設計条件から図1の増幅回路を設計したい。次の各問いに答えよ。なお，図2は図1のバイアス回路である。

設計条件

① トランジスタ：$h_{FE} = 120$，$V_{BE} = 0.6$ V

② 電源電圧：$V_{CC} = 9$ V

③ 動作点のコレクタ電流：$I_C = 1$ mA

④ $V_{RE} = 0.1\,V_{CC}$，$V_{CE} = V_{RC}$，$I_E \fallingdotseq I_C$

⑤ ブリーダ電流：$I_A = 20\,I_B$

⑥ 低域遮断周波数：$f_{CL} \leqq 20$ Hz

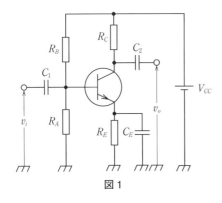

図 1

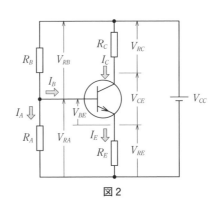

図 2

(1) エミッタ抵抗 R_E を求めよ。
　　　　　　　　　　　　　　　　　　　　　↰ $V_{RE} = 0.1\,V_{CC}$
　　　　　　　　　　　　　　　　　　　　　　　$I_E \fallingdotseq I_C$

(2) コレクタ抵抗 R_C を求めよ。
　　　　　　　　　　　　　　　　　　　　　↰ $I_C = 1$ mA
　　　　　　　　　　　　　　　　　　　　　　　$V_{RC} = V_{CE}$

(3) R_A に流れるブリーダ電流 I_A を求めよ。

$\quad$ ↩ $I_B = \dfrac{I_C}{h_{FE}}$

$\qquad\quad I_A = 20\,I_B$

(4) V_{RA} と V_{RB} を求めよ。

$\quad$ ↩ $V_{RA} = V_{BE} + V_{RE}$

$\qquad\quad V_{RB} = V_{CC} - V_{RA}$

(5) ブリーダ抵抗 R_A と R_B を求めよ。

(6) 図1の回路を等価回路にして図3の $\vdots\vdots\vdots$ 中に記入せよ。数値は

$\quad$ (1)～(5)の答えを用いること。

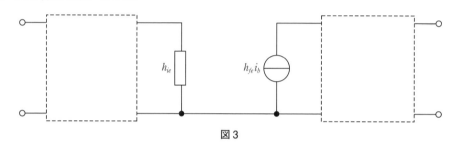

図3

$\quad h_{fe} \fallingdotseq h_{FE}$，$I_C = 1\,\text{mA}$ のときの h_{ie} を $4\,\text{k}\Omega$ とした場合，(7)，(8)，

(9)に答えよ。

(7) 電圧増幅度 A_v を求めよ。

$\quad$ ↩ $A_v = \dfrac{h_{fe}R_C}{h_{ie}}$

(8) 入力インピーダンス Z_i を求めよ。

(9) バイパスコンデンサ C_E は，何 μF 以上のコンデンサを用いれ

$\quad$ ばよいか。

$\quad$ ↩ $C_E = \dfrac{h_{fe}}{2\pi f_{CL}h_{ie}}$

C_1，C_2 の値は，$C_1 = \dfrac{1}{2\pi f_{CL}Z_i}$，

$C_2 = \dfrac{1}{2\pi f_{CL}Z_o}$ （Z_o は図1の v_o に取りつける負荷と R_C の合成抵抗）で求められるが，どちらも通常数 μF 程度の計算値になるので，大きめの $10\,\mu\text{F}$ にするなどして，じゅうぶんな特性をもたせることが多い。また，C_E の値は，C_1，C_2 の値の h_{fe} 倍程度の違いがあることが，式からも理解できる。

6 FET による小信号増幅回路 （教科書 p.108～121）

1 FET の相互コンダクタンスと等価回路
2 MOS FET による小信号増幅回路の設計

1 次の文の（　）の中に適する用語や式を下記の語群から選び，その記号を記入せよ。

(1) 図1(a)は（**1**　）形 MOS FET の回路図である。図1(b)のように V_{GS} を大きくしていき，ある電圧 V_{th} を超えるとドレーン電流 I_D が流れはじめる。このときの V_{th} を（**2**　）電圧という。

(2) 図2(a)は（**3**　）形 FET の回路図である。図2(b)のように $V_{GS}=0$ における I_D を上限とし，V_{GS} の値を小さくしていくとある電圧 V_P において I_D が流れなくなる。このときの V_P を（**4**　）電圧という。

(3) MOS FET においても，接合形 FET と同様に相互コンダクタンス g_m の関係は（**5**　）で表される。

(4) FET による基本増幅回路は，バイポーラトランジスタと同様に，どの端子を接地するかにより三種類に分類される。図3は（**6**　）接地増幅回路，図4は（**7**　）接地増幅回路，図5は（**8**　）接地増幅回路である。

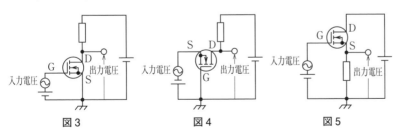

図3　　図4　　図5

語群

ア．ゲート　　イ．ソース　　ウ．ドレーン　　エ．接合　　オ．ピンチオフ

カ．エンハンスメント　　キ．しきい値　　ク．$g_m=\dfrac{\Delta V_{GS}}{\Delta I_D}$[S]　　ケ．$g_m=\dfrac{\Delta I_D}{\Delta V_{GS}}$[S]

2 MOS FET を用いて図6の増幅回路を設計したい。図7はバイアス回路である。設計条件をみて次の各問いに答えよ。

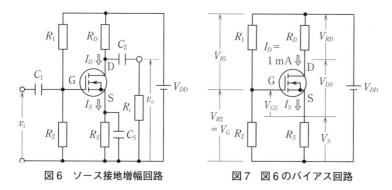

図6 ソース接地増幅回路　　図7 図6のバイアス回路

設計条件

① 直流電源の電圧は $V_{DD}=10\,\mathrm{V}$ とする。動作点におけるドレーン電流は $1\,\mathrm{mA}$ とする。また，このときの相互インダクタンスは $g_m=6\,\mathrm{mS}$ とする。

② R_S による電圧降下は電源電圧の10%とする。

③ $V_{DS}=V_{RD}$ とする。

④ 次段の入力インピーダンスは，$R_i=1\,\mathrm{M\Omega}$ とする。

⑤ 増幅回路の低域遮断周波数は $f_{CL}\leqq20\,\mathrm{Hz}$ とする。

---

(1) ソース抵抗 R_S に加わる電圧 V_S を求めよ。

(2) ソース抵抗 R_S の値を求めよ。

(3) ドレーン抵抗 R_D に加わる電圧 V_{RD} を求めよ。

(4) ドレーン抵抗 R_D の値を求めよ。

(5) 図 8 の V_{GS}-I_D 特性から動作点におけるバイアス電圧 V_{GS} を求めよ。

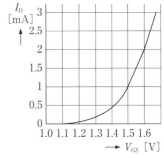

図 8

(6) 動作点において R_2 に加わる電圧 V_{R2} を求めよ。

(7) $R_1 = 1\,\text{M}\Omega$ として R_2 の値を求めよ。

(8) 中域の入力インピーダンスを求めよ。

(9) 設計条件の低域遮断周波数を満たす結合コンデンサ C_1 の最小値を求めよ。

(10) 中域の出力インピーダンスを求めよ。

(11) 設計条件の低域遮断周波数を満たす結合コンデンサ C_2 の最小値を求めよ。

(12) 中域の電流増幅度 A_i を求めよ。

(13) 中域の電圧増幅度 A_v を求めよ。

3 接合形 FET による小信号増幅回路の設計

1 図9のような V_{GS}-I_D 特性をもつ FET を用いて図中の点Pを動作
点にして，図10の回路を構成した。次の各問いに答えよ。ただし，
C_1, C_2, C_S のインピーダンスは使用する周波数においてじゅうぶん
小さい値を示すものとする。

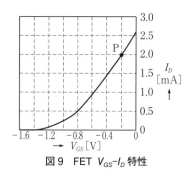

図9 FET V_{GS}-I_D 特性

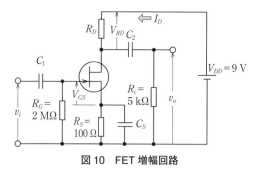

図10 FET 増幅回路

(1) 点Pにおける V_{GS} と I_D および相互コンダクタンス g_m を求めよ。 ➡ g_m はP点の接線の傾き

(2) 抵抗 R_D に加わる直流電圧 V_{RD} を5Vとするとき，R_D の値を求めよ。

2 図11の回路で，$V_{DD} = 12\,\mathrm{V}$，動作点のドレーン電流 $I_{DP} =$
$4\,\mathrm{mA}$，バイアス電圧 $V_{GSP} = -0.25\,\mathrm{V}$ とするとき，$V_S = 2.8\,\mathrm{V}$ と
するには，R_S と R_2 をいくらにすればよいか。ただし，$R_1 =$
$500\,\mathrm{k\Omega}$ とする。

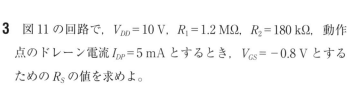

(a) ソース接地増幅回路

3 図11の回路で，$V_{DD} = 10\,\mathrm{V}$，$R_1 = 1.2\,\mathrm{M\Omega}$，$R_2 = 180\,\mathrm{k\Omega}$，動作
点のドレーン電流 $I_{DP} = 5\,\mathrm{mA}$ とするとき，$V_{GS} = -0.8\,\mathrm{V}$ とする
ための R_S の値を求めよ。

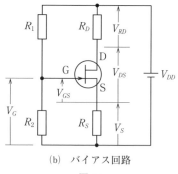

(b) バイアス回路

図11

章 末 問 題

1 図1の多段増幅回路において，3段目にある増幅回路の電圧利得 G_{v3} ［dB］を求めよ。

図1

2 図2のトランジスタ増幅回路において，$h_{ie}=3\,\text{k}\Omega$，$h_{fe}=160$ のとき，次の各問いに答えよ。ただし，C_1，C_2，C_E のインピーダンスは，使用する周波数においてじゅうぶん小さい値を示すものとする。

(1) 増幅回路を h パラメータによる簡単化した等価
    回路で示せ。

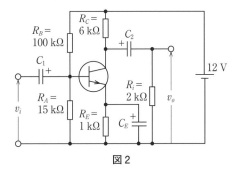

図2

(2) 上記の等価回路より，電圧増幅度 A_v を求めよ。

3 図3の FET 増幅回路において，$g_m=5\,\text{mS}$ のとき，次の各問いに答えよ。ただし，C_1，C_2，C_S のインピーダンスは，使用する周波数においてじゅうぶん小さい値を示すものとする。

(1) 増幅回路を簡単化した等価回路で示せ。

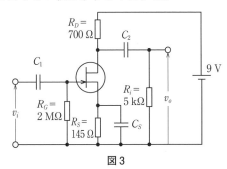

図3

(2) 上記の等価回路より，電圧増幅度 A_v を求めよ。

第3章　いろいろな増幅回路

1　負帰還増幅回路 （教科書 p. 126〜134）

1 負帰還の原理　2 エミッタ抵抗 R_E による負帰還
3 エミッタホロワ　4 多段増幅回路の負帰還

1 次の文の（　）の中に適する用語や式および数値を下記の語群
から選び，その記号を記入せよ。

(1) 図1は負帰還増幅回路の原理図を示したものである。β
を（1　　　）といい，（2　　　）の式で表される。負
帰還増幅回路の電圧増幅度は，$A_v\beta \gg 1$ のとき（3　　　）
となり，増幅回路の増幅度 A_v とは無関係になる。

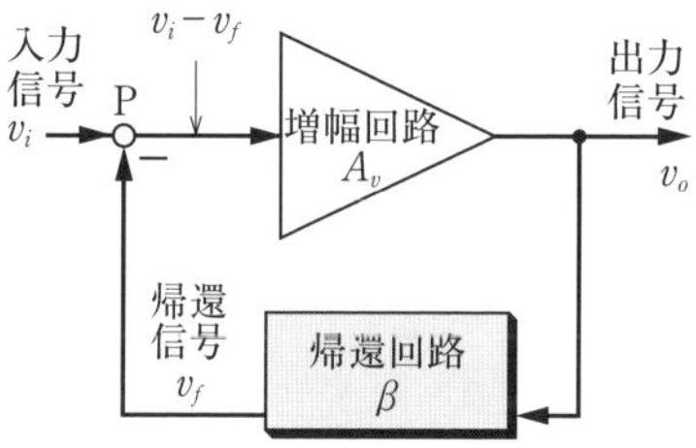

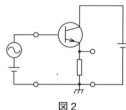

図1

(2) 負帰還増幅回路を用いると，温度や電源電圧の変動に対
して利得が（4　　　）になり，増幅回路内部のひずみや
雑音が（5　　　）する。また，利得は低下するが，周波
数特性が改善されるので（6　　　）が広がる。

(3) 図2の（7　　　）接地増幅回路は負帰還増幅回路であり，出
力電圧をエミッタから取り出しているので，（8　　　）とも呼
ばれている。この回路の電圧増幅度は（9　　　）であるが，入
力インピーダンスが（10　　　）ことと，出力インピーダンスが
（11　　　）ことから，（12　　　）増幅器に多く用いられる。

図2

語群

ア. 0　イ. 1　ウ. 減少　エ. 増加　オ. コレクタ　カ. エミッタ

キ. ベース　ク. 小さい　ケ. 大きい　コ. 安定　サ. 不安定

シ. 緩衝　ス. 電力　セ. 帰還率　ソ. 帯域幅　タ. エミッタホロワ

チ. β　ツ. $\dfrac{1}{\beta}$　テ. $\dfrac{v_o}{v_f}$　ト. $\dfrac{v_o}{v_i}$　ナ. $\dfrac{v_f}{v_o}$

---

2 増幅度 $A_v = 800$ の増幅回路に，$\beta = 0.01$ の負帰還をかけたときの
電圧増幅度 A_{vf} と帰還量 F［dB］を求めよ。

> $A_{vf} = \dfrac{A_v}{1 + A_v\beta}$
>
> $A_v\beta$ をループゲイン，$1 + A_v\beta$
> を帰還量という。帰還量 F
> ［dB］は，$F = 20\log_{10}(1 + A_v\beta)$
> である。
>
> $\log_{10}9 = \log_{10}3^2 = 2\log_{10}3$,
> $\log_{10}3 = 0.477$ として計算する。

3 前問で増幅度 A_v が 20% 低下したときの電圧増幅度 A_{vf} を求めよ。

2 差動増幅回路と演算増幅器 (教科書 p. 135〜146)

1 差動増幅回路の概要　**2** 差動増幅回路の動作点と増幅度
3 演算増幅器の特性と等価回路　**4** 演算増幅器の基本的な使い方

1 次の文の（　　）の中に適する用語や数値を下記の語群から選び,
その記号を記入せよ。ただし,同じ用語を重複して選んでもよい。

(1) 演算増幅器は（¹　　　）増幅回路と数段の増幅回路により構
成されているため,温度変化などによる（²　　　）の影響を受
けにくい特徴をもっている。

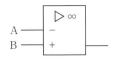

　また,演算増幅器は増幅度がひじょうに大きいので,一般には
（³　　　）をかけて用いる。

JIS C 0617-13：2011
による図記号の例

(2) 図1は,演算増幅器の図記号を示したものである。図の中の
入力端子Aは（⁴　　　）入力端子といい,入力端子Bは
（⁵　　　）入力端子という。

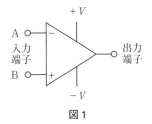

　また,入力端子Aと入力端子Bは,あたかも短絡しているよ
うに動作する。この現象を（⁶　　　）またはイマジナリショー
トと呼んでいる。

図1

(3) 演算増幅器は増幅器として理想的な特性をもっているため,次
のような仮定で取り扱うことができる。

入力インピーダンス　$Z_i =$（⁷　　　）
出力インピーダンス　$Z_o =$（⁸　　　）
開放電圧利得　$A_v =$（⁹　　　）

語群

ア. 0　イ. 1　ウ. ∞　エ. ドリフト

オ. ドラフト　カ. 反転　キ. 非反転　ク. セット

ケ. リセット　コ. 仮想短絡　サ. 内部短絡

シ. 正帰還　ス. 負帰還　セ. 差動　ソ. 電力

---

2 図2に示す差動増幅回路の I_B, I_C, V_{CE} の値を求
めよ。ただし,Tr_1 と Tr_2 は同じ特性とし,$V_{CE} =$
0.6 V,$h_{FE} = 150$ とする。

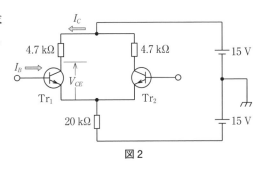

図2

3 図3の増幅回路について，次の各問いに答えよ。

(1) 電圧増幅度 A_{vf} を求めよ。

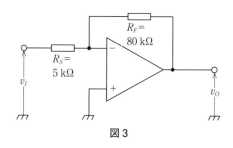

図3

(2) 入力電圧 v_I と出力電圧 v_O の位相はどのようになるか述べよ。

4 図4の増幅回路について，次の各問いに答えよ。

(1) 電圧増幅度 A_{vf} を求めよ。

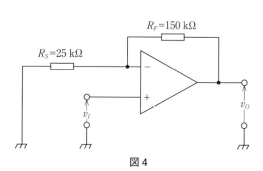

図4

(2) 1 kHz，10 mV の正弦波交流を入力電圧 v_I として加えたときの出力電圧 v_O の値を求めよ。

(3) 入力電圧 v_I と出力電圧 v_O の位相はどのようになるか述べよ。

5 図5の回路の出力電圧 V_O を求めよ。

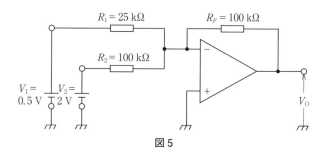

図5

6 図6の回路の出力電圧 V_O を求めよ。

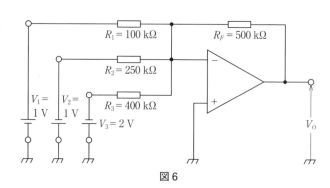

図6

③ 電力増幅回路 （教科書 p. 147〜164）

① 電力増幅回路の基礎

1 表1はあるトランジスタの最大定格を示している。このトランジスタの動作範囲を図1に示せ。

表1

最大定格	
$V_{CE\max}$	30 V
$I_{C\max}$	100 mA
$P_{C\max}$	400 mW

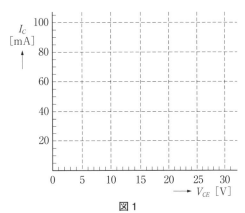

図1

2 電力増幅回路はバイアスよって A 級，B 級，C 級に分けられる。図2に示す各電力増幅回路のバイアス名を（　　）に記入せよ。

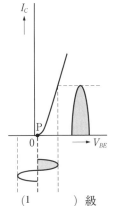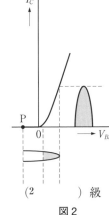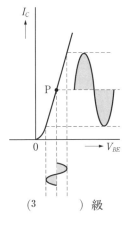

(1　　　　) 級　　(2　　　　) 級　　(3　　　　) 級

図2

3 巻数比が $n = 10$ の変成器の二次側に 8 Ω のスピーカを接続した。一次側からみたインピーダンスを求めよ。

📎 巻数比 n
$$n = \frac{n_1}{n_2}$$
変成器の二次側の負荷 R_S は n^2 倍されて一次側からみた負荷 R_L に変換される。
$$R_L = n^2 R_S$$

4 4 Ω のスピーカのインピーダンスを，変成器によって 1 kΩ に変換したい。変成器の巻数比 n をいくらにすればよいか。

2　A級シングル電力増幅回路

1 図3のA級シングル電力増幅回路の動作量について，次の各問い
に答えよ。

⤵ 動作量

　最適負荷*を接続した状態
での最大出力電力，コレクタ
損失，電源効率などをいう。
　*最適負荷
　使用するトランジスタで，
ひずみが少なく，大きな出力
電力の得られる負荷。

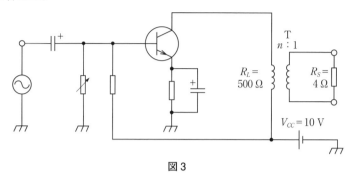

図3

(1)　この増幅回路の最適負荷が$R_L = 500\ \Omega$の場合，変成器の巻数比
　　nをいくらにすればよいか。

(2)　最大出力電力P_{om}を求めよ。

⤵ $P_{om} = \dfrac{V_{CC}^{\ 2}}{2R_L}$

(3)　コレクタ電流の平均値I_{cp}を求めよ。

⤵ $I_{cp} = \dfrac{V_{CC}}{R_L}$

(4)　電源の平均電力P_{DC}を求めよ。

⤵ $P_{DC} = V_{CC}I_{cp}$

(5)　最大出力時のコレクタ損失P_Cと無信号時のコレクタ損失P_{cm}
　　を求めよ。

⤵ $P_C = P_{DC} - P_{om}$
$P_{cm} = P_{DC}$

(6)　最大出力時の電源効率η_mを求めよ。

⤵ $\eta_m = \dfrac{P_{om}}{P_{DC}}$

(7)　コレクタ損失はどのようなときに最大となるか。

③　B級プッシュプル電力増幅回路

1　次の文の（　　）の中に適する用語や数値および式を下記の語群
から選び，その記号を記入せよ。

(1)　B級増幅は入力信号波形の（1　　　）だけしか増幅できない
ため，二つのトランジスタでB級増幅したのち出力を合成する
方法が用いられている。

(2)　図4のB級プッシュプル電力増幅回路のように，負荷
に接続する出力端子が1組の回路を，（2　　　）電力増
幅回路と呼んでいる。また，この回路は出力に変成器を使
用しないので（3　　　）方式の回路でもある。

　　この電力増幅回路では，入力信号が正の半周期のときは
（4　　　）のトランジスタが動作し，負の半周期のとき
は（5　　　）のトランジスタが動作する。

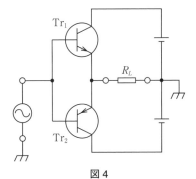

図4

(3)　トランジスタはベース・エミッタ間電圧が0.6 V以上に
ならないと，（6　　　）電流が流れない。したがって，
図4の回路では入力信号が±0.6 V以下で出力電圧$v_o =$
（7　　　）Vとなり，図5のような（8　　　）ひずみ
を生じる。このひずみを除去するためには，ベース・エミ
ッタ間にあらかじめわずかな（9　　　）電圧を加えてお
く必要がある。通常ダイオードの順電圧が約0.6 Vである
ことを利用して加えることが多い。

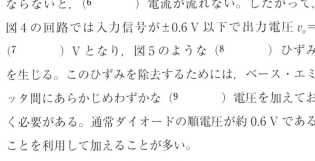

図5

(4)　B級プッシュプル電力増幅回路では，使用する二つのトランジ
スタの特性がそろっていなければならない。

　　特性のそろったpnp形とnpn形のトランジスタの組み合わせ
を（10　　　）と呼んでいる。

(5)　図6のトランジスタの接続を（11　　　）接続と呼び，増幅度
は（12　　　）となる。この接続は（13　　　）形トランジスタ
と等価である。

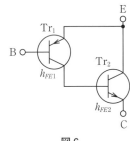

図6

語群

ア．ベース　　イ．エミッタ　　ウ．コレクタ　　エ．0　　オ．1　　カ．0.6

キ．Tr_1　　ク．Tr_2　　ケ．コンプリメンタリ　　コ．OTL　　サ．SEPP

シ．ダーリントン　　ス．クロスオーバ　　セ．npn　　ソ．pnp　　タ．$h_{FE1} \cdot h_{FE2}$

チ．$h_{FE1} + h_{FE2}$　　ツ．高周波　　テ．$\dfrac{1}{4}$　　ト．半分　　ナ．バイアス

2 図7のトランジスタの直流電流増幅率が $h_{FE1} = 100$, $h_{FE2} = 160$ で
あるとき，ダーリントン接続全体の直流電流増幅率 h_{FE} の値を求め
よ。また，等価トランジスタの図記号を右の □ に記入せよ。

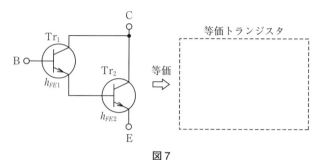

図7

3 図8に示すSEPP電力増幅回路は，$V_{CC} = 9\,\text{V}$ の電源と，負荷とし
て $8\,\Omega$ のスピーカが接続されている。実際に取り出せる音声出力は
最大出力電力の70%であるとすると，音声出力の最大値はいくら
になるか。

❤ 最大出力電力
$$P_{om} = \frac{V_{CC}^2}{2R_L}$$

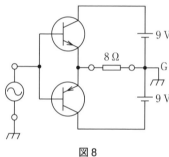

図8

4 図9に示すSEPP電力増幅回路について，次の各問いに答
えよ。

(1) 図の回路で，クロスオーバひずみを除去する働きをする
素子はどの素子か。

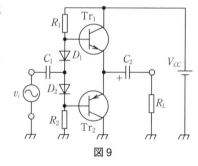

図9

(2) 基本的なSEPP電力増幅回路は2電源であるが，図の回路は単
電源で構成されている。Tr_1 と Tr_2 に $\dfrac{V_{CC}}{2}$ の電圧を供給する働き
をする素子はどの素子か。

(3) 入力電圧 v_i が負の半周期のときのコンデンサ C_2 の電荷の役割
を述べよ。

❤ Tr_1 と Tr_2 の中点に大きな
静電容量をもつ C_2 の＋側が
接続され充電される。
　入力電圧 v_i が加わると，v_i
の正の半周期で Tr_1 が動作し，
C_2 を通って負荷抵抗 R_L に電
力を供給する。v_i の負の半周
期で Tr_2 が動作し，C_2 の電
荷を利用して R_L に電力を供
給する。

4 高周波増幅回路 （教科書 p. 165～175）

1 高周波増幅の基礎 2 高周波増幅回路の特性

1 次の文の（　）の中に適する用語や数値を下記の語群から選び，その記号を記入せよ。

(1) 高周波増幅回路では目的とする周波数帯域だけを増幅するため，トランジスタの入力側と出力側に共振回路を内蔵した（1　　　）変成器が用いられている。この共振回路は希望の入力信号と同じ周波数に共振することから（2　　　）回路と呼ばれている。

(2) トランジスタのベース・コレクタ間の静電容量を外部から測定したときの値 C_{ob} を（3　　　）出力容量という。

図1のようにエミッタ接地増幅回路では，この C_{ob} が出力側から入力側への（4　　　）容量となり（5　　　）の原因となる。したがって，高い周波数の高周波増幅回路では，トランジスタ自体の静電容量の影響を少なくするため，（6　　　）接地増幅回路を用いる場合が多い。

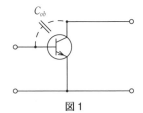

図1

(3) 高周波増幅回路に用いるトランジスタに必要な条件は，C_{ob} の値が（7　　　）こと，トランジション周波数がじゅうぶん（8　　　）ことである。

(4) AMラジオ受信機の中間周波増幅回路では，（9　　　）と呼ばれる変成器や（10　　　）を用いて（11　　　）kHz 付近の周波数を増幅するようにしている。

🔁 トランジション周波数
トランジスタが電流増幅可能な最高周波数で，$h_{fe}=1$ となるときの周波数を示す。

語群

ア．エミッタ　　イ．ベース　　ウ．コレクタ

エ．発振　　オ．同調　　カ．帰還　　キ．コレクタ出力

ク．ベース入力　　ケ．大きい　　コ．小さい　　サ．IFT

シ．FET　　ス．255　　セ．455　　ソ．1000

タ．低周波　　チ．セラミックフィルタ　　ツ．高周波

---

2 高周波増幅回路の同調回路において，同調周波数 $f_0=455\,\text{kHz}$，無負荷 Q を $Q_0=100$ としたときの，帯域幅 B を求めよ。

🔁 $B=f_2-f_1=\dfrac{f_0}{Q_0}$

章 末 問 題

1 図1の増幅回路について，次の各問いに答えよ。

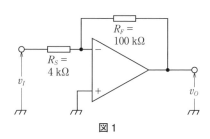

図1

(1) 電圧増幅度 A_{vf} を求めよ。

(2) 1 kHz，20 mV の正弦波交流を入力電圧として加え
たときの出力電圧 v_O の値を求めよ。

(3) 入力電圧 v_I と出力電圧 v_O の位相はどのようになるか述べよ。

2 次の文の（　）の中に適する用語や数値を記入せよ。

(1) 電力増幅回路は，バイアスによって（1　）級，（2　）級および（3　）級に分けられる。

(2) バイポーラトランジスタの V_{BE}-I_C 特性のほぼ直線とみなせるような範囲の点をバイアスに設定する電力増幅回路を（4　）級電力増幅回路という。

(3) A 級シングル電力増幅回路は，変成器を使用して負荷を接続しているので，（5　）結合電力増幅回路ともいう。

(4) 負荷に接続する出力端子が1組のB級プッシュプル電力増幅回路を（6　）電力増幅回路と呼んでいる。また，出力に変成器を使用しない回路を（7　）方式と呼んでいる。

(5) B級プッシュプル電力増幅回路では（8　）ひずみを除去するため，ベース・エミッタ間にあらかじめわずかなバイアス電圧を加えておく必要がある。

(6) （9　）とは，特性のそろったpnp形とnpn形のトランジスタの組み合わせのことである。

(7) 高い周波数を使用する高周波増幅回路では，トランジスタのベース・コレクタ間の静電容量の影響を少なくするため，（10　）接地増幅回路を用いる場合が多い。

(8) 高周波増幅回路に用いるトランジスタに必要な条件は，（11　）出力容量の値が小さいこと，（12　）周波数がじゅうぶん大きいことである。

3 同調周波数 455 kHz において帯域幅を 15 kHz としたいとき，無負荷 Q を求めよ。

第4章 発振回路

1 発振回路の基礎 （教科書 p. 180～184）

1 発振回路のなりたち　**2** 発振回路の原理
3 発振回路の分類

1 次の文の（　　）の中に適する用語や式を下記の語群から選び，
その記号を記入せよ。

(1) 増幅器の入力に接続したマイクロホンをその増幅器の出力に接
続したスピーカに近づけると，スピーカからキーンという大きな
音が出ることがある。これを（1　　　）現象という。この現象
は発振現象の一種で，スピーカから出る音波がマイクロホンを通
して増幅器に（2　　　）して増幅することで発生する。

(2) 図1は発振回路の原理を示したもので，帰還電圧は $v_f =$
（3　　　）の関係にある。この回路が発振するためには，
位相条件と振幅条件の二つがなりたつ必要がある。

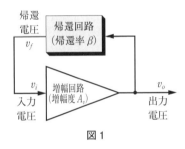

図1

位相条件は帰還電圧 v_f と入力電圧 v_i が（4　　　）と
なることである。また，発振のはじまりは，出力電圧 v_o
がしだいに大きくなっていくので（5　　　）の条件が必
要である。その後 v_o がある値で飽和し，一定値になると
（6　　　）の条件になることから，振幅条件は（7　　　）
と表せる。

発振回路では単一の周波数だけを循環させるため，帰還回路に
（8　　　）回路を設けている。

(3) 帰還回路にコイルとコンデンサを用いる発振回路を
（9　　　）発振回路といい，コンデンサと抵抗を用いる回路を
（10　　　）発振回路という。

また，*LC* 発振回路のコイルのかわりに水晶振動子を用いた発
振回路を（11　　　）発振回路という。

語群

ア．*LR*　　イ．*LC*　　ウ．水晶　　エ．*CR*　　オ．$A_v \beta = 1$

カ．$A_v \beta > 1$　　キ．$A_v \beta \geqq 1$　　ク．同相　　ケ．逆相

コ．循環　　サ．多段　　シ．$\dfrac{A_v v_i}{\beta}$　　ス．$A_v v_o \beta$

セ．$A_v v_i \beta$　　ソ．減衰　　タ．周波数選択　　チ．ハウリング
---

2 *LC* 発振回路 （教科書 p. 185〜192）

1 反結合発振回路　**2** ハートレー発振回路
3 コルピッツ発振回路　**4** クラップ発振回路

1 次の文の（　）の中に適する用語や式および数値を下記の
語群から選び，その記号を記入せよ。ただし，同じものを重複し
て選んでもよい。

(1) エミッタ接地増幅回路の入力電圧と出力電圧には（1　　　）
の位相差があるため，帰還回路で位相をずらして正帰還するよ
うにしている。

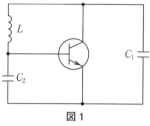

図1

(2) 図1を（2　　　）発振回路といい，発振周波数を求める式
は（3　　　）である。この発振回路は（4　　　）によって
位相差をつくり，入力に正帰還させている。
　　また，この回路は（5　　　）MHz 程度までの発振周波数
が得られ，高周波でも安定な発振をする回路である。

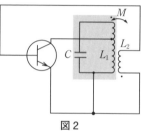

図2

(3) 図2を（6　　　）発振回路といい，（7　　　）による共振
回路により周波数の選択性をもたせている。発振周波数を求め
る式は（8　　　）である。この発振回路は，L_1 と L_2 の巻き
方向を（9　　　）にすることによって位相差をつくり，入力
に正帰還させている。

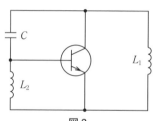

図3

(4) 図3を（10　　　）発振回路といい，発振周波数を求める式
は（11　　　）である。この発振回路は（12　　　）によって
位相差をつくり，入力に正帰還させている。

(5) 図4を（13　　　）発振回路といい，発振周波数を求める式
は（14　　　）である。この回路は（15　　　）発振回路を変
形したものである。

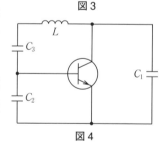

図4

語群

ア. 1　　イ. 30　　ウ. 200　　エ. ハートレー　　オ. クラップ　　カ. 反結合

キ. コルピッツ　　ク. $90°$　　ケ. $180°$　　コ. $360°$　　サ. 同じ　　シ. 反対

ス. C と L_1　　セ. C と L_2　　ソ. L_1 と L_2　　タ. C_1 と C_2　　チ. C_3　　ツ. $\dfrac{1}{2\pi\sqrt{L_1 C}}$

テ. $\dfrac{1}{2\pi\sqrt{(L_1+L_2+2M)C}}$　　ト. $\dfrac{1}{2\pi\sqrt{L\left(\dfrac{C_1 C_2}{C_1+C_2}\right)}}$　　ナ. $\dfrac{1}{2\pi\sqrt{L\left(\dfrac{1}{\dfrac{1}{C_1}+\dfrac{1}{C_2}+\dfrac{1}{C_3}}\right)}}$

2 図5の発振回路の発振周波数を求めよ。

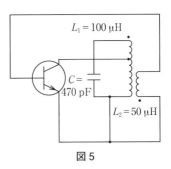

図5

3 図6の発振回路の発振周波数を求めよ。ただし，結合係数 $k = 1$ とし，相互インダクタンスは $M = k\sqrt{L_1 L_2}$ で求める。

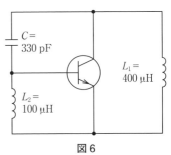

図6

4 図7の発振回路の発振周波数を求めよ。

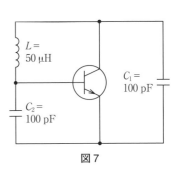

図7

5 図8の発振回路の発振周波数を 10 MHz とするには，L の値をいくらにすればよいか。

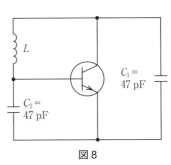

図8

6 図9の発振回路の発振周波数を求めよ。

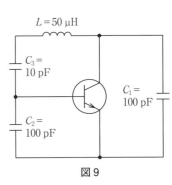

図9

❸　*CR* 発振回路 （教科書 p. 193〜196）

❶　ウィーンブリッジ形発振回路の原理
❷　ウィーンブリッジ形発振回路の実際例　　❸　*CR* 移相形発振回路

1　次の文の（　　）の中に適する用語や式および数値を下記の語群

から選び，その記号を記入せよ。

(1)　図1に示す *CR* 発振回路は（1　　　）形と呼ばれ，$\omega CR=$
　　（2　　　）のとき v_0 と v_f の位相差が（3　　　）相になる。こ
　　のとき，帰還率 $\beta=$（4　　　）なので，増幅回路は $A_v \geqq$
　　（5　　　）の増幅度かつ，正相増幅することで発振が持続する。
　　発振周波数の式は（6　　　）となる。

(2)　図2に示す *CR* 発振回路は（7　　　）形と呼ばれ，*C* と *R* の
　　1段の位相差を（8　　　）°にし，3段で v_0 と v_f の位相差が
　　（9　　　）相になる。このとき，帰還率 $\beta=$（10　　　）なので，
　　増幅回路は $A_v \geqq$（11　　　）の増幅度かつ，逆相増幅することで
　　発振が持続する。発振周波数の式は（12　　　）となる。

(3)　図1および図2において，$C=0.01\,\mu\mathrm{F}$，$R=10\,\mathrm{k}\Omega$ とした場合，
　　それぞれの発振周波数は約（13　　　）kHz，約（14　　　）kHz
　　となる。

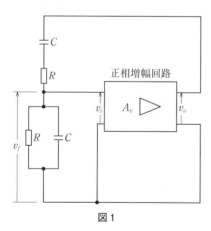

図1

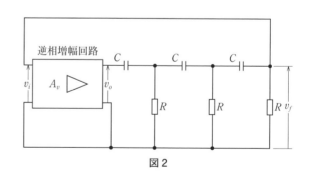

図2

語群

ア．$\dfrac{1}{29}$　　イ．$\dfrac{1}{3}$　　ウ．0.65　　エ．1　　オ．1.59　　カ．3　　キ．29　　ク．60

ケ．同　　コ．逆　　サ．$\dfrac{1}{2\pi CR}$　　シ．$\dfrac{1}{2\pi\sqrt{6}\,CR}$　　ス．*CR* 移相

セ．ウィーンブリッジ

❹ 水晶発振回路 （教科書 p. 197～204）

❶ 水晶振動子　❷ 水晶発振回路の種類と特徴　❸ 水晶発振回路の実際例

1 次の文の（　　）の中に適する用語を下記の語群から選び，その記号を記入せよ。ただし，同じ用語を重複して選んでもよい。

(1) 水晶発振回路は水晶振動子を用いる発振回路で，水晶のもつ（1　　）効果を利用して安定な発振（2　　）を得ている。

(2) 水晶振動子はひじょうに狭い周波数範囲で（3　　）リアクタンスの性質を示す。したがって，LC 発振回路の（4　　）のかわりに用いることで，周波数（5　　）の小さい発振回路となる。

(3) 図1は（6　　）発振回路の L を水晶振動子に置き換えたもので，（7　　）発振回路と呼ばれている。この発振回路は，水晶振動子に対してトランジスタの（8　　）インピーダンスが並列にはいるため周波数が（9　　）くなると発振しにくい欠点がある。また，実際の発振回路では L_1 を共振回路で構成するが，共振回路を誘導性とするために水晶発振回路の発振周波数よりもわずかに（10　　）い共振周波数となるように L と C の値を設定する。

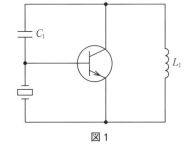

図1

(4) 図2は（11　　）発振回路の L を水晶振動子に置き換えたもので，（12　　）発振回路と呼ばれている。この発振回路は，水晶振動子の周波数の（13　　）倍で発振させる（14　　）発振回路などにも用いられている。また，実際の発振回路では C_1 を共振回路で構成するが，共振回路を容量性とするために水晶発振回路の発振周波数よりもわずかに（15　　）い共振周波数となるように L と C の値を設定する。

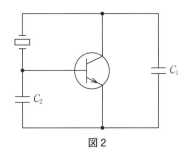

図2

語群

ア. R　　イ. L　　ウ. C　　エ. 高　　オ. 低　　カ. 誘導性　　キ. 容量性

ク. 周波数　　ケ. 偶数　　コ. 奇数　　サ. 圧電　　シ. 光電　　ス. 変動

セ. 入力　　ソ. 出力　　タ. ピアスCB　　チ. ピアスBE　　ツ. ハートレー

テ. コルピッツ　　ト. オーバトーン

---

4 PLL

1 次の文の（　　）の中に適する用語や式を下記の語群から選び，その記号を記入せよ。ただし，同じものを重複して選んでもよい。

(1) 図3はPLLの原理を示している。図のVCOは，（1　　　）電圧の大きさで発振周波数を制御する発振回路で（2　　　）発振器と呼ばれる。Aは（3　　　）といい，基準信号 f_s とVCOの出力信号 f_o を比較し，その違いに相当した（4　　　）信号電圧 V_d を出力する回路である。Bは（5　　　）といい，V_d の（6　　　）に応じた制御電圧 V_{CONT} を出力する回路である。V_{CONT} はVCOの制御電圧として加えられ，VCOは（7　　　）のとき f_o を下げるように，（8　　　）のとき f_o を上げるように動作する。

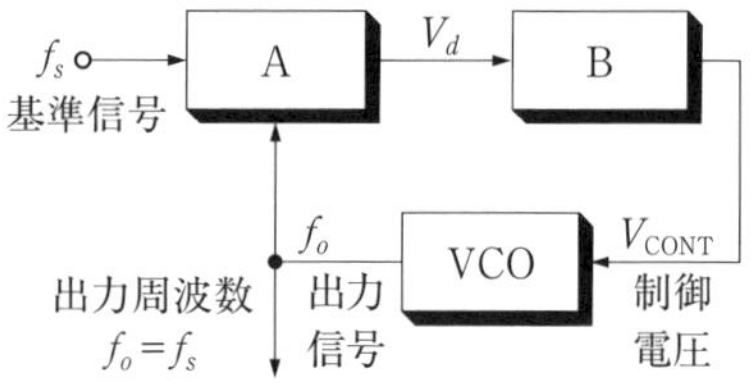

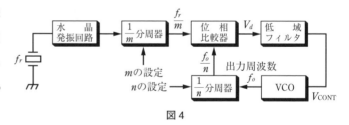

図3

(2) PLLを利用して一つの水晶振動子から多くの安定な発振周波数を得ることのできる回路を周波数（9　　　）という。この回路はPLLに（10　　　）を用いて任意の発振周波数を得るようにしたもので，無線送信機の周波数源などに利用されている。

語群

ア．$f_o < f_s$　　イ．$f_o = f_s$　　ウ．$f_o > f_s$　　エ．シンセサイザ
オ．分周器　　カ．VCO　　キ．位相比較器　　ク．誤差
ケ．電圧制御　　コ．直流　　サ．平均値　　シ．整流
ス．低域フィルタ

---

2 図4は周波数シンセサイザの構成図である。$f_r = 2.56\,\mathrm{MHz}$，分周器の分周比を m，n として，表に出力周波数 $f_o\,[\mathrm{kHz}]$ を記入せよ。

図4

$f_o = \dfrac{n}{m} f_r\,[\mathrm{Hz}]$

m ＼ n	2	4	8	16	32
16					
32					
64					
128					
256					

章 末 問 題

1 図1について，次の各問いに答えよ。

(1) 増幅度 A_v の式を v_i, v_o を用いて示せ。

(2) 帰還率 β の式を v_f, v_o を用いて示せ。

(3) $A_v\beta$ を v_f, v_i を使った式で示せ。

(4) 発振するための振幅条件の式を A_v, β で示せ。

(5) 発振するための位相条件を述べよ。

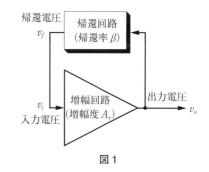

図1

2 表の(1)〜(5)に示した発振回路形式になるように，図2のトランジスタの空欄1〜3にコイル，コンデンサ，水晶振動子を接続して共振回路を構成したい。表の空欄に適当な図記号を記入せよ。

		1	2	3
(1)	ハートレー発振回路			
(2)	コルピッツ発振回路			
(3)	ピアス CB 発振回路			
(4)	クラップ発振回路			
(5)	コレクタ同調反結合発振回路			

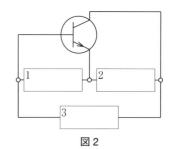

図2

3 共振回路部分においてコイルのインダクタンスを $L = 20\,\mu\text{H}$ としたとき，コルピッツ発振回路で1MHzの周波数を発振させるのに，必要なコンデンサの値を求めよ。ただし，共振回路で使用するコンデンサが複数の場合，すべて同じ値とする。

4 帰還回路部分において抵抗 $R = 10\,\text{k}\Omega$ を使うとき，CR 移相形発振回路で1kHzの周波数を発振させるのに必要なコンデンサの値を求めよ。ただし，帰還回路で使用する抵抗やコンデンサが複数の場合，それぞれすべて同じ値とする。

5 図3のような構成の周波数シンセサイザで出力周波数 $f_o = 1\,\text{MHz}$ を得たい場合の $f_r[\text{MHz}]$ を求めよ。

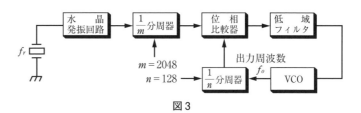

図3

第5章 変調回路・復調回路

1 変調・復調の基礎 （教科書 p. 208〜210）

1 変調・復調の意味 **2** 変調・復調の種類

1 次の文章は，変調および復調に関する記述である。（　）の中に適する用語を下記の語群から選び，その記号を記入せよ。

(1) 振幅や周波数が一定の搬送波に，信号波を含ませる操作を，（1　　）という。

(2) 変調波から信号波を取り出す操作を（2　　）または（3　　）という。

(3) 搬送波 v_c は，一般に次式で表される。

$$v_c = V_{cm} \sin(2\pi f_c t + \theta)\,[\text{V}]$$

上式で，V_{cm} を信号波の値に応じて変化させる方式を（4　　）といい，f_c を信号波の値に応じて変化させる方式を（5　　）という。位相 $2\pi f_c t + \theta$ を信号波の値の変化量に応じて変化させる方式を（6　　）という。

(4) ディジタル信号のパルス波を，正弦波の搬送波に含ませる変調を（7　　）といい，アナログ信号の正弦波を，パルス波の搬送波に含ませる変調を（8　　）という。

> ⊙ パルスの変調にも，振幅，位相などを変化させる方式がある。

```
― 語群 ―
ア．検波    イ．変調    ウ．復調    エ．周波数変調
オ．パルス変調    カ．位相変調    キ．振幅変調
ク．ディジタル変調
```

2 次の A 群は，変調の種類であり，B 群は各種変調の英語または記号を表す。A 群の①〜④に対応するものを B 群の@〜@から選び線で結べ。

A 群
① 周波数変調・　　・@ pulse modulation
② 振幅変調　・　　・ⓑ PM
③ 位相変調　・　　・ⓒ FM
④ パルス変調・　　・ⓓ AM
B 群

3 AM の A は，英語で（1　　），FM の F は（2　　），PM の P は（3　　）を表す。

> ⊙ 1, 2, 3 は英語を記入すること。

2 振幅変調・復調 （教科書 p. 211〜219）

1 振幅変調（AM）の基礎　2 振幅変調波の電力
3 振幅変調回路　4 振幅変調波の復調

1 次の文章は，振幅変調について述べたものである。（　）の中に適する用語を下記の語群から選び，その記号を記入せよ。

(1) 振幅変調された変調波について，信号波の振幅 V_{sm} と搬送波の振幅 V_{cm} の比 m は，次式で表される。

$$m = \frac{V_{sm}}{V_{cm}} \qquad \cdots\cdots ①$$

この場合，m を（1　　　）といい，百分率〔%〕で表したものを（2　　　）という。

(2) 式①で，$m > 1$ の場合の変調を（3　　　）という。

(3) 図1は，信号波として多くの周波数を含んだ場合の周波数スペクトルを示した例である。

この図で，搬送波の周波数 f_c を中心にA領域を（4　　　）といい，B領域を（5　　　）という。またCを（6　　　）という。

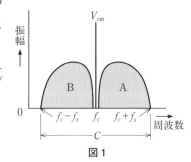

図1

👉 f_c は一つの数値で表されるが，f_s は周波数範囲があり，またそれぞれの周波数で振幅が異なるので，このような形に描いた（いろいろな形に描ける）。

語群

ア．変調程度　　イ．変調度　　ウ．変調パーセント　　エ．変調率　　オ．過変調

カ．超変調　　キ．下側波帯　　ク．上側波帯　　ケ．占有周波数帯域幅　　コ．帯域

---

2 振幅変調の場合，搬送波の周波数 $600\,\mathrm{kHz}$ を信号波周波数 $200\,\mathrm{Hz}$ 〜$1\,\mathrm{kHz}$ で変調し，図2の周波数スペクトルを描いた。次の各問いに答えよ。

(1) 上側波帯の周波数範囲について（　）内に数値を kHz 単位で記入せよ。

(2) 同様に下側波帯について，（　）内に数値を記入せよ。

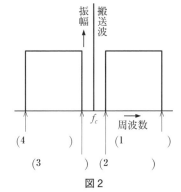

図2

👉 $600\,\mathrm{kHz}$ を中心にして，信号波の上限と下限を加減する。

3　図3は，振幅変調波の例である。最大振幅を a，最小振幅を b とする。次の（　）内に式を記入せよ。

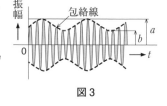

図3

(1)　信号波の振幅を V_{sm}，搬送波の振幅を V_{cm} とすると，V_{sm} と V_{cm} の比 m は変調度であり，次のように表される。

$$m = \frac{(1\qquad)}{(2\qquad)} \qquad\qquad \cdots\cdots\text{①}$$

(2)　また，a は V_{cm} と V_{sm} で表すと次のようになる。

$$a = (3\qquad\qquad) \qquad\qquad \cdots\cdots\text{②}$$

☞ V_{cm}，V_{sm}，図中の a の関係を考える。

(3)　式①から，$V_{sm} = m\,(4\qquad)$ であるから，これを式②に代入すると，

$$a = (1 + m)\,(5\qquad) \qquad\qquad \cdots\cdots\text{③}$$

となる。

(4)　b も同様に計算すると，次のようになる。

$$b = (6\qquad)\,V_{cm} \qquad\qquad \cdots\cdots\text{④}$$

☞ V_{cm}，V_{sm}，図中の b の関係を考える。

(5)　さらに③④式より V_{cm} を消去して m を a と b で示すと，

$$m = \frac{(7\qquad)}{(8\qquad)}$$

となる。

☞ $\dfrac{b}{a} = \dfrac{1-m}{1+m}$
$\Leftrightarrow b(1+m) = a(1-m)$
を考える。

4　次の文章は，振幅変調について述べたものである。（　）の中に適する用語を下記の語群から選び，その記号を記入せよ。

(1)　搬送波の振幅を信号波の振幅によって変化させるための回路を（1　　　）回路という。

(2)　（1　　　）回路には，（2　　　）変調回路と（3　　　）変調回路がある。

(3)　（2　　　）変調は，搬送波を増幅しているトランジスタのベースに信号波の電圧を加える。

(4)　（3　　　）変調は，搬送波を増幅しているトランジスタのコレクタに信号波の電圧を加える。

語群

ア．周波数変調　　イ．振幅変調　　ウ．位相変調　　エ．コレクタ　　オ．ドレーン

カ．エミッタ　　キ．ベース　　ク．ソース

5 次の文章は，振幅変調波の復調に関する記述である。図4の検波
回路を参考にしながら，（　　　）の中に適する用語や波形を下記の
語群から選び，その記号を記入せよ。ただし，同じものを重複して
選んでもよい。

(1) 振幅変調波の復調（検波）に使うダイオードは，接合容量を小
さくした，高い周波数にも使うことができる（1　　　）ダイ
オードや（2　　　）ダイオードが適している。これらのダイオー
ドは（3　　　）方向電圧が低いので，小信号検波に適している。

(2) 図4の回路は，ダイオード特性の（4　　　）線的な部分を利
用して変調波の（5　　　）線部分を取り出す直線検波の方法で
ある。

(3) 図4では（6　　　）のような波形の振幅変調波の電圧を変成
器Tを通してダイオードDに加える。ダイオードは信号の
（7　　　）方向成分は通すが，（8　　　）方向成分は通さな
いので，（9　　　）のような波形となるが，搬送波の周波数成
分を除去し，包絡線の信号波成分を充電するために（10　　　）
を接続し，充電された電荷を適時放電するための（11　　　）を
取りつけることで，信号波に直流分を含んだ（12　　　）のよう
な波形になる。

(4) 包絡線の信号成分は交流であるので，交流成分のみを通すため
に（13　　　）を接続することで，負荷抵抗 R_L に（14　　　）
のような波形が得られ，信号波出力となる。

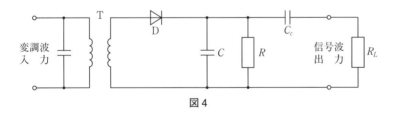

図4

語群

ア．C　イ．C_c　ウ．D　エ．R　オ．R_L　カ．ゲルマニウム点接触

キ．ショットキー接合　ク．逆　ケ．順　コ．直　サ．包絡

シ．[波形]　ス．[波形]　セ．[波形]　ソ．[波形]

3　**周波数変調・復調**　(教科書 p. 220〜226)

1　周波数変調（FM）の基礎　**2**　周波数変調回路　**3**　周波数変調波の復調

1　次の文章は，周波数変調について述べたものである。（　　）の中に適する用語や式を下記の語群から選び，その記号を記入せよ。

(1)　搬送波の振幅を一定に保ち，信号波の値によって搬送波の　　　　🔶 値は瞬時値のこと。

（1　　　　）を変化させる変調方式を（2　　　　）という。

(2)　（2　　　　）では，信号波の値が正の値のとき（3　　　　）の周波数が高くなるように，また，信号波の値が負の値のときには（3　　　　）の周波数が（4　　　　）なるように対応させる方法がある。

(3)　（2　　　　）では，信号波の値によって搬送波の周波数がずれる。このずれを，（5　　　　）という。また，図1に示すように信号波の値が最大であるときの中心周波数 f_c からのずれ Δf_p を（6　　　　）という。

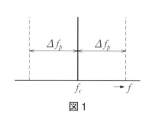

図1

(4)　Δf_p と信号波の最高周波数 f_s の比を（7　　　　）といい，m_f で表す。m_f の式は（8　　　　）で表される。

語群

ア．振幅変調　　イ．振幅　　ウ．周波数変調

エ．周波数　　オ．低く　　カ．高く　　キ．位相

ク．周波数偏移　　ケ．最小周波数偏移

コ．最大周波数偏移　　サ．変調指数　　シ．搬送波

ス．$\dfrac{\Delta f_p}{f_c}$　　セ．$\dfrac{f_s}{\Delta f_p}$　　ソ．$\dfrac{\Delta f_p}{f_s}$

2　信号波の最高周波数が $f_s = 20$ kHz，搬送波の周波数が $f_c = 80$ MHz，最大周波数偏移が $\Delta f_p = 80$ kHz のとき，変調指数 m_f および占有周波数帯域幅 B を求めよ。　　🔶 $B = 2(\Delta f_p + f_s)$

3 次の文の（　　）の中に適する用語を下記の語群から選び，その記号を記入せよ。

　図2の回路は（1　　　）発振回路で構成された周波数変調回路である。図中の D_v は（2　　　）容量ダイオードと呼ばれ，加わる（3　　　）電圧の変化により，（4　　　）容量 C_v が変化する。

　この回路の発振周波数はコイル（5　　　）とコンデンサ C_1, C_2, C_3, C_4 および（6　　　）で決まるので，（7　　　）信号に応じて C_v が変化することで発振周波数が変化することを利用している。

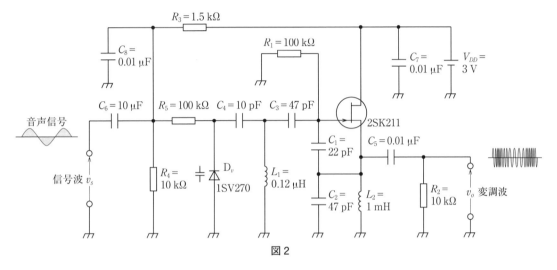

図2

> **語群**
>
> ア．C_6　　イ．C_v　　ウ．L_1　　エ．L_2　　オ．クラップ
>
> カ．ハートレー　　キ．音声　　ク．可変　　ケ．逆
>
> コ．静電

4 前問の回路において，可変容量ダイオード D_v の静電容量 C_v の値が右表のように変化したとき，周波数偏移 Δf [MHz] を小数第1位まで求め，空欄を埋めよ。ただし，発振周波数は，次の式で求めるものとする。

C_v [pF]	Δf [MHz]
11	
12	

$$f = \frac{1}{2\pi\sqrt{L_1(C_s + C_m)}}$$

ここで，$C_s = \dfrac{1}{\dfrac{1}{C_1} + \dfrac{1}{C_2} + \dfrac{1}{C_3}}$，$C_m = \dfrac{1}{\dfrac{1}{C_4} + \dfrac{1}{C_v}}$ である。

　なお，周波数偏移 Δf は，$C_v = 11$ pF のときの発振周波数から，$C_v = 12$ pH のときの発振周波数を引いたものとする。

4 その他の変調・復調 （教科書 p. 227〜230）

1 位相変調（PM）・復調　**2** ディジタル変調・復調

1 次の文の（　　）の中に適する用語を下記の語群から選び，その記号を記入せよ。

(1) 搬送波の振幅を一定に保ち，信号波の値の（1　　　　）によって搬送波の（2　　　　）を変化させる変調方式を位相変調という。

(2) 位相変調では，信号波の変化が正ならば，搬送波の位相が（3　　　　）方向になるように，信号波の変化が負ならば，搬送波の位相が（4　　　　）方向になるように対応させる。

(3) ディジタル情報をもつ信号波の 0 と 1 の値に応じて，搬送波の振幅を変化させるディジタル変調方式を（5　　　　）変調といい，（6　　　　）と表す。

(4) ディジタル情報をもつ信号波の 0 と 1 の値に応じて，搬送波の周波数を変化させるディジタル変調方式を（7　　　　）変調といい，（8　　　　）と表す。

(5) ディジタル情報をもつ信号波の 0 と 1 の値に応じて，搬送波の位相を変化させるディジタル変調方式を（9　　　　）変調といい，（10　　　　）と表す。

(6) ディジタル変調波をディジタル信号に復調するときには，（11　　　　）復調器が用いられる。

> **語群**
>
> ア．ASK　　イ．FSK　　ウ．PSK　　エ．＋　　オ．－　　カ．位相　　キ．周波数
> ク．直交　　ケ．変化量　　コ．位相偏移　　サ．周波数偏移　　シ．振幅偏移

2 図 1 は，直交復調器の構成を表したものである。（　　）の中に適する用語を下記の語群から選び，その記号を記入せよ。ただし，同じ用語を重複して選んでもよい。

> **語群**
>
> ア．Q 信号　　イ．DSP　　ウ．I 信号
> エ．基準波　　オ．低域フィルタ
> カ．発振回路

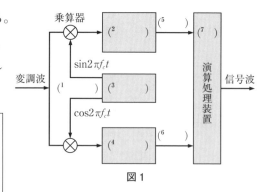

図 1

3　次の文章は，振幅偏移変調波と位相偏移変調波を直交復調器で復調する原理について述べたものである。（　　）の中に適する用語や式を下記の語群から選び，その記号を記入せよ。

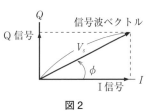

図 2

(1)　変調波に基準波として $\sin 2\pi f_c t$ を乗算し，低域フィルタを通過した I 信号は，図 2 の信号波ベクトルの水平軸成分の $I=$（1　　　）で表される。また，変調波に基準波として $\cos 2\pi f_c t$ を乗算し，低域フィルタを通過した Q 信号は，図 2 の信号波ベクトルの垂直軸成分の $Q=$（2　　　）で表される。

(2)　振幅偏移変調波に対しては，演算処理装置（DSP）で，一定時間ごとに $V_s=$（3　　　）を計算することによって，（4　　　）の変化として捉え，その変化をディジタル信号の 0，1 として取り出すように処理をして，ディジタル信号を復調している。

(3)　位相偏移変調波に対しては，演算処理装置（DSP）で，位相 ϕ ＝（5　　　）を計算することによって，（6　　　）の変化として捉え，その変化をディジタル信号の 0，1 として取り出すように処理をして，ディジタル信号を復調している。

> **語群**
>
> ア．振幅　　イ．$V_s\cos\phi$　　ウ．$V_s\sin\phi$　　エ．$\tan^{-1}\dfrac{Q}{I}$　　オ．$\sqrt{I^2+Q^2}$　　カ．位相

③　パルス変調

1　次の文の（　　）の中に適する用語を下記の語群から選び，その記号を記入せよ。

(1)　搬送波にパルス波を用いる変調を（1　　　）という。

(2)　パルス波の振幅を信号波の値に応じて変化させる変調方式を（2　　　）変調といい，（3　　　）と表す。

(3)　パルス波の幅を信号波の値に応じて変化させる変調方式を（4　　　）変調といい，（5　　　）と表す。

(4)　パルス波の時間的位置を信号波の値に応じて変化させる変調方式を（6　　　）変調といい（7　　　）と表す。

(5)　パルス波を信号波の値に応じたパルス符号信号に変化させる変調方式を（8　　　）変調といい（9　　　）と表す。

> **語群**
>
> ア．PAM　　イ．PCM　　ウ．PPM　　エ．PWM　　オ．パルス位置
>
> カ．パルス符号　　キ．パルス振幅　　ク．パルス幅　　ケ．パルス変調

章 末 問 題

1 振幅変調において，600 kHz の搬送波を 100〜5 000
Hz の信号波で変調した。図 1 の周波数スペクトルの
（　）内にそれぞれの周波数を計算して記入せよ。
　　ただし，単位は kHz とする。

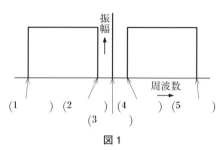

図 1

2 振幅が 2 V の搬送波を変調率 35 % で振幅変調した。この場合，変調波の最大振幅 a および最小
振幅 b を求めよ。

3 周波数変調において，信号波の最高周波数 f_s が 10 kHz，最大周波数偏移 Δf_p が 30 kHz である
とするとき，占有周波数帯域幅 B を求めよ。

4 次の文章は，変調および復調について述べたものである。（　）の中に適する用語や式を下
記の語群から選び，その記号を記入せよ。

⑴ 搬送波電力 P_c と変調度 m によって振幅変調波の総電力 P_T を示すと，$P_T = P_c$（1　　　　）と
なる。

⑵ 周波数変調波の復調回路には，（2　　　　）検波回路などが用いられる。

⑶ 位相変調には安定な発振回路が必要であり，（3　　　）回路が用いられる。

⑷ 惑星探査の衛星を用いて写した惑星表面の写真は（4　　　　）変調を利用したものである。

語群

ア．パルス幅　　イ．パルス符号　　ウ．クワッドラチャ　　エ．$\left(1 + \dfrac{m^2}{2}\right)$

オ．$\left(1 - \dfrac{m^2}{2}\right)$　　カ．水晶発振　　キ．LC 発振　　ク．直線

第6章 パルス回路

1 パルス波形と *CR* 回路の応答 (教科書 p. 234～237)

1 パルス波形 2 *CR* 回路の応答

1 次の文章は，パルス波形について述べたものである。（　　）の中に適する用語を下記の語群から選び，その記号を記入せよ。

(1) 図1に示すように，電圧や電流の持続時間がひじょうに短い波形を（1　　　）という。

(2) この波形で，t_r は（2　　　），t_f は（3　　　）を表す。また，w を（4　　　）という。

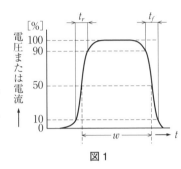

図1

⤷ 図1は，パルスの最大値（振幅）を100％として表したものである。

⤷ パルスには，方形パルス，三角パルス，指数関数パルスなどがある。

```
┌─ 語群 ─────────────────────────────────┐
│  ア．パルス幅    イ．パルス長    ウ．パルス時間    │
│  エ．パルス    オ．立下り時間    カ．立上り時間    │
│  キ．立上り周期                          │
└────────────────────────────────────────┘
```

2 図2はパルスの一例である。（　　）の中に適する用語や数値を下記の語群から選び，その記号を記入せよ。

(1) T を（1　　　）という。

$T = 2\,\mathrm{ms}$ のとき，周波数 f は（2　　　）Hz である。

(2) w を（3　　　）といい，単位は（4　　　）で表す。

$T = 2\,\mathrm{ms}$，$w = 45\,\mathrm{\mu s}$ のとき，衝撃係数 D は（5　　　）である。

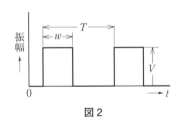

図2

⤷ 方形パルスの例である。立上り時間が0秒，立下り時間が0秒という理想的なパルスであり，実際にはない。

```
┌─ 語群 ─────────────────────────────────┐
│  ア．パルス幅    イ．パルス周囲    ウ．パルス        │
│  エ．周期    オ．秒    カ．分    キ．時    ク．100  │
│  ケ．200    コ．500    サ．0.0225    シ．0.225     │
└────────────────────────────────────────┘
```

3 次の文章は，微分回路について述べたものである。（　　）の中に適する用語や式を下記の語群から選び，その記号を記入せよ。ただし，**4** の CR 回路と波形を表した図3を参考にすること。

(1) $t=0$ でスイッチ S を Ⓐ から Ⓑ に切り換えると，コンデンサ C が （1　　　　）されるため，次式で表される電流 i [A] が流れる。

$$i = \frac{(2\qquad)}{(3\qquad)} \varepsilon^{-\frac{t}{CR}} \qquad\qquad \cdots\cdots①$$

▸ i は指数関数で表されており，オームの法則による値を考える。

(2) 抵抗 R の両端の電圧 v_R [V] は，R と i の積であるから，
$$v_R = Ri \qquad\qquad \cdots\cdots②$$
となる。ここで，式②の i に式①を代入すると，
$$v_R = Ri = R\,(4\qquad) = V\varepsilon^{-\frac{t}{CR}} \qquad\qquad \cdots\cdots③$$

(3) ここで，$CR = \tau$ として，式③に代入すると，
$$v_R = V\varepsilon^{-(5\qquad)}$$

この τ を （6　　　　）という。

語群

ア．放電　　イ．充電　　ウ．時定数　　エ．R

オ．C　　カ．L　　キ．V　　ク．i　　ケ．v_C　　コ．v_R

サ．$\varepsilon^{-\frac{t}{CR}}$　　シ．$\varepsilon^{-\frac{t}{\tau}}$　　ス．$\dfrac{t}{\tau}$　　セ．$\dfrac{t}{CR}$　　ソ．$\dfrac{V}{R}\varepsilon^{-\frac{t}{CR}}$

タ．$\dfrac{R}{V}\varepsilon^{-\frac{t}{CR}}$

---

4 v [V] が図3のように加わったとき，v_R はどのような波形になるか。パルス幅 w が $w \gg CR$ であるとして波形を描け。

▸ w の単位は秒 [s] であり，CR の単位も秒 [s] である。

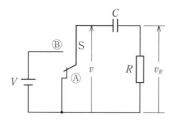
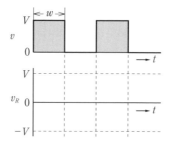

図3

5　微分回路のコンデンサ *C* と抵抗 *R* の値を次に示す。時定数 τ を求めよ。

(1)　$C = 200\ \text{pF}$, $R = 10\ \text{k}\Omega$

→　時定数 *CR* の単位は［s］である。

(2)　$C = 0.2\ \mu\text{F}$, $R = 50\ \text{k}\Omega$

6　次の文章は，積分回路について述べたものである。（　　）の中に適する用語や式を下記の語群から選び，その記号を記入せよ。ただし，**7** の *CR* 回路と波形を表した図 4 を参考にすること。

(1)　*CR* 回路の時定数 τ の値をパルス幅 *w* よりひじょうに大きくしたとき，すなわち（1　　　　）の場合について考える。

　　CR 回路のスイッチ S を Ⓐ から Ⓑ に切り換えると，コンデンサには（2　　　　）電流 *i* がゆっくり流れ，C の両端に v_C［V］の電圧が発生する。この C の端子電圧はゆっくり上昇する。

→　ゆっくり上昇する電圧を利用するのが，積分回路である。

(2)　v_C［V］は，*V* と v_R を用いて次式で表される。

$$v_C = (3\quad) \qquad\qquad \cdots\cdots①$$

v_R は，$v_R = V\varepsilon^{-\frac{t}{\tau}}$ であるから，式①は次のようになる。

$$v_C = (4\quad) \qquad\qquad \cdots\cdots②$$

語群

ア．$\tau \gg CR$　　イ．$CR \gg w$　　ウ．放電　　エ．充電

オ．$V - v_R$　　カ．$V\left(1+\varepsilon^{-\frac{t}{\tau}}\right)$　　キ．$V\left(1-\varepsilon^{-\frac{t}{\tau}}\right)$

ク．$V\varepsilon^{-\frac{t}{\tau}}$

7　$CR \gg w$ の条件で，v_C の波形を描け。

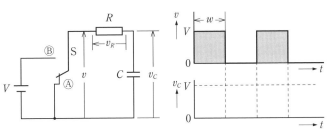

図 4

→　v_C は，ゆっくり上昇し，ゆっくり下降する波形になる。

2 マルチバイブレータ (教科書 p. 238〜248)

1 非安定マルチバイブレータ **2** 単安定マルチバイブレータ
3 双安定マルチバイブレータ

1 次の文章は，マルチバイブレータについて述べたものである。
（　）の中に適する用語を下記の語群から選び，その記号を記入
せよ。

(1) マルチバイブレータには，(1　　　)，(2　　　)，
(3　　　) の3種類がある。

(2) 非安定マルチバイブレータは，オンまたはオフの状態を維持し
続ける (4　　　) がなく，一定周期の方形パルスを出力する
(5　　　) 回路である。

(3) 単安定マルチバイブレータは，入力端子に (6　　　) 信号が
加わると，一定の (7　　　) をもったパルスを出力して，つね
に一つの (4　　　) に戻る回路である。

(4) 双安定マルチバイブレータは，(8　　　) とも呼ばれ，二つ
の入力端子をもち，入力パルスが与えられると「1」または「0」
の状態になり，二つの (4　　　) を切り換えることができる回
路である。いったん状態が変化すると，入力パルスがなくてもそ
の状態を保持することから，(9　　　) の働きをもつ。

語群

ア．単安定マルチバイブレータ　　イ．双安定マルチバイブレータ
ウ．非安定マルチバイブレータ　　エ．三安定マルチバイブレータ　　オ．発振
カ．変調　　キ．フリップフロップ　　ク．安定した状態　　ケ．不安定な状態
コ．時間幅　　サ．記憶作用　　シ．スイッチング作用　　ス．トリガ

---

2 次の文章は，図1のNOT回路を用いた非安定マルチ
バイブレータの動作原理について述べたものである。
（　）の中に適する用語や数値を次のページの語群か
ら選び，その記号を記入せよ。ただし，同じものを重複
して用いてもよい。

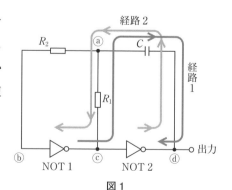

図1

(1)　電源を入れたときのコンデンサ C の電荷を 0，NOT1 の入力を「0」とすると，NOT1 の出力と NOT2 の入力は「(1　　　)」，NOT2 の出力は「(2　　　)」となる。このとき，電流は経路 (3　　　) を通り，C は@側を (4　　　) 極にして (5　　　) をはじめ，@と⑥の電圧は (6　　　) する。この間の出力は「(7　　　)」となっている。

◆ 「1」は 5 V，「0」は 0 V とする。

(2)　@と⑥の電圧がスレッショルドレベルまで上昇すると，NOT1 の入力が「1」，NOT1 の出力と NOT2 の入力が「(8　　　)」，NOT2 の出力が「(9　　　)」となる。また同時に，@と⑥の電圧が，ⓓの電圧を加えた大きさまで瞬間的に (10　　　) する。このとき，C は放電をはじめ，電流は経路 (11　　　) を通り，@と⑥の電圧は (12　　　) する。この間の出力は「1」となっている。

(3)　@と⑥の電圧が (13　　　) すると，やがて C のⓓ側の電圧が@側の電圧より高くなる。このとき，電流は経路 (14　　　) を通り，C は@側を (15　　　) 極にして (16　　　) をはじめ，@と⑥の電圧は (17　　　) する。この間の出力はまだ，「1」となっている。

(4)　やがて@と⑥の電圧がさらにスレッショルドレベルまで (18　　　) すると，NOT1 の入力が「0」になり，NOT1 の出力と NOT2 の入力が「(19　　　)」になることで，NOT2 の出力は「(20　　　)」となる。また同時に，@と⑥の電圧は瞬間的にスレッショルドレベルの電圧と同じ大きさの (21　　　) の電圧となる。このとき，C は@側を (22　　　) 極にして (23　　　) をはじめ，電流は経路 (24　　　) を通り，@と⑥の電圧は (25　　　) する。そして，(2)からの動作をふたたび繰り返す。

(5)　この回路の発振周波数 f は，次の式で求められる。

$$f = \frac{1}{(26\quad) CR_1}$$

━ 語群 ━━━━━━━━━━━━━━━━━━━━━━━
ア．＋　　イ．－　　ウ．0　　エ．1　　オ．2
カ．2.2　　キ．上昇　　ク．降下　　ケ．充電
コ．放電

3 図1の回路の非安定マルチバイブレータにおいて，R_1 と C が次の値の場合，発振周波数を求めよ。

(1) $R_1 = 5\,\text{k}\Omega$, $C = 0.2\,\mu\text{F}$

(2) $R_1 = 1\,\text{k}\Omega$, $C = 10\,\mu\text{F}$

4 図1の非安定マルチバイブレータにおいて，R_1 が次の値のとき，発振周波数を 50 kHz にするための C の値を求めよ。

(1) $R_1 = 9.1\,\text{k}\Omega$

(2) $R_1 = 13.4\,\text{k}\Omega$

5 次の文章は，NOT 回路と NAND 回路を用いた双安定マルチバイブレータ（RS フリップフロップ）について述べたものである。図2を参考にして，（　　）の中に適する用語を次のページの語群から選び，その記号を記入せよ。また，下の真理値表も完成させよ。

(1) $S = 0$, $R = 0$ のとき，出力 Q, $\overline{Q}$ は変化せず，前の状態が保たれる。この状態を（1　　　）という。

(2) $S = 0$, $R = 1$ のとき，$Q = 0$, $\overline{Q} = 1$ となる。この状態を（2　　　）という。

(3) $S = 1$, $R = 0$ のとき，$Q = 1$, $\overline{Q} = 0$ となる。この状態を（3　　　）という。

(4) $S = 1$, $R = 1$ のとき，出力 Q, $\overline{Q}$ のどちらも 1 になり，その後 $S = 0$, $R = 0$ になると，Q, $\overline{Q}$ のどちらが 1 になるか不定である。そのため，このような状態を（4　　　）といい，使用しない。

$S=0$, $R=1$ の場合（初期状態を $Q=0$, $\overline{Q}=1$ とする。）

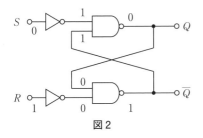

図2

真 理 値 表

入　力		出　力		動作
S	R	Q	$\overline{Q}$	
0	0	5	6	保持
1	0	7	8	11
0	1	9	10	12
1	1			13

❸ 5, 6 には Q または $\overline{Q}$ を, 7〜10 には 0 または 1 を, 11 〜13 には用語を記入すること。

語群

　　ア．セット状態　　　イ．リセット状態　　　ウ．保持状態

　　エ．禁止状態

6　図3の単安定マルチバイブレータにおいて，入力にトリガパルス を加えたとき，ⓓに出力されるパルス幅 w［ms］を求めよ。ただし，$R=20\,\mathrm{k\Omega}$, $C=0.1\,\mathrm{\mu F}$ とする。

❸ $w \fallingdotseq 0.69\,RC$

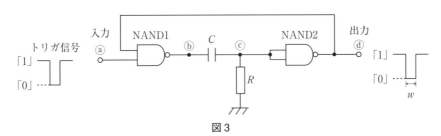

図3

3 波形整形回路 （教科書 p. 249～253）

1 クリッパ **2** リミタ **3** スライサ **4** クランプ
5 シュミットトリガ回路

1 図1～4の回路の入力部分に，右図の――で示したような三角波
を加えた。出力される波形のようすを右図に示せ。また，[　　]
内に整形回路の名称を記入せよ。

(1)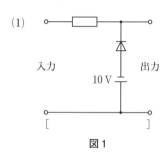

図1

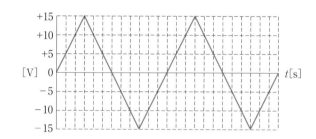

(2)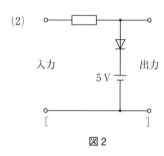

図2

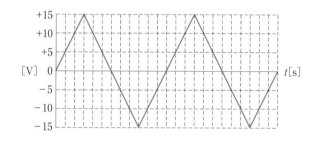

(3)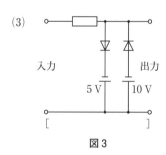

図3

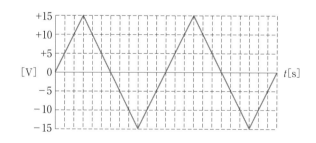

(4)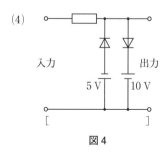

図4

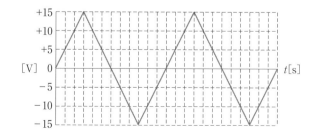

章 末 問 題

1 図1のパルスについて，周波数 f と衝撃係数 D を求めよ。

$w = 10\ \mu\mathrm{s}$, $T = 0.2\ \mathrm{ms}$

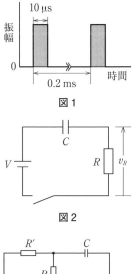

図1

2 図2の微分回路において， $V = 10\ \mathrm{V}$, $R = 10\ \mathrm{k\Omega}$, $C = 0.1\ \mu\mathrm{F}$ であるとき，出力 v_R を表す式を書け。

$v_R =$

図2

3 図3の回路は，非安定マルチバイブレータである。

$R = 5\ \mathrm{k\Omega}$, $C = 2\ \mu\mathrm{F}$ のときの発振周波数 f [Hz] を求めよ。

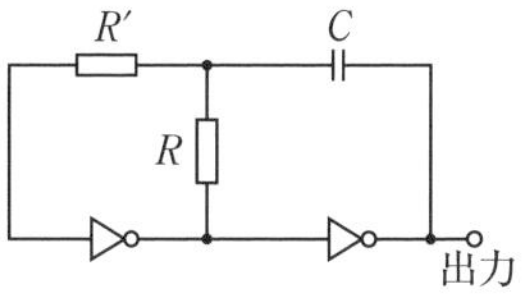

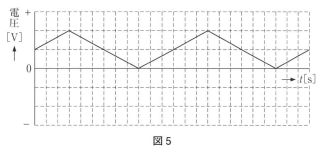

図3

4 図4に示す回路の入力に，図5の三角波を加えた。この回路の名称を答え，出力される波形を図5に描き加えよ。

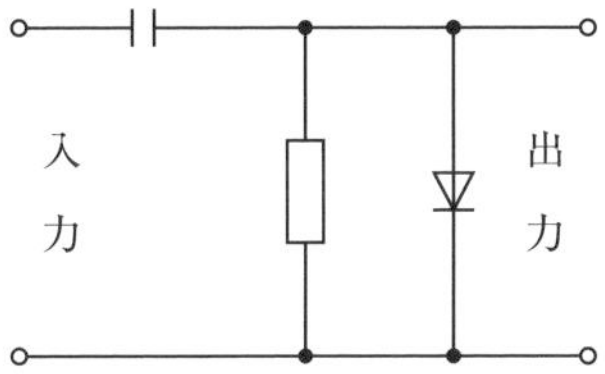

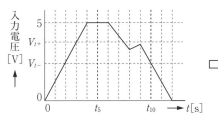

図4 （　　　　　） 回路

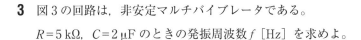

図5

5 シュミットトリガ付き NOT 回路に，図6に示す波形を入力するとき，出力される波形を描け。ただし，入力電圧が増加，減少するときに，出力電圧が反転するスレッショルドレベルをそれぞれ V_{t+}, V_{t-} とする。

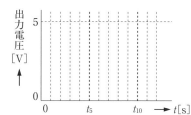

図6

第7章　電源回路

1 電源回路の基礎 （教科書 p. 258〜266）

1 電源回路の構成　**2** 変圧回路　**3** 整流回路
4 平滑回路　**5** 電源回路の諸特性

1 次の文章は，電源回路の基本的な回路構成について述べたものである。（　）の中に適する用語を下記の語群から選び，その記号を記入せよ。ただし，図1の構成図を参考にすること。

(1) 100 V の交流電圧を，必要とする大きさの交流電圧に下げる回路を（1　　　）回路という。

(2) 正負の電圧である交流電圧から，正のみの電圧を取り出す回路を（2　　　）回路という。

(3) できるだけ滑らかな直流電圧にする回路を（3　　　）回路という。

(4) 負荷が変化したり，電源電圧が変化したりしても，負荷に加わる電圧を一定となるように制御する回路を（4　　　）回路という。

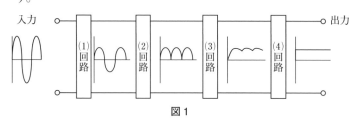

図1

```
語群
  ア．電圧増幅    イ．安定化    ウ．発振    エ．整流
  オ．リミタ    カ．変圧    キ．クリッパ    ク．平滑
```

2 図2の回路において $V_1 = 100$ V，巻数比が 10：3 のとき，二次側の電圧 V_2 [V] を求めよ。

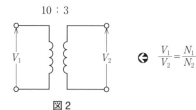

図2

$\dfrac{V_1}{V_2} = \dfrac{N_1}{N_2}$

3 図3の回路において，巻数比 n の関係を，巻数 N_1, N_2, 電圧 V_1, V_2, 電流 I_1, I_2 を用いて表せ。また，N_1 を10，N_2 を2とした場合の n を求めよ。

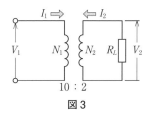

図3

$$n = \frac{(1\qquad)}{(2\qquad)} = \frac{(3\qquad)}{(4\qquad)} = \frac{(5\qquad)}{(6\qquad)} = (7\qquad)$$

巻数　　　　　電圧　　　　　電流　　　　　n の値

4 図4の回路について，次の各問いに答えよ。

(1) $V_1 = 100\,\mathrm{V}$，抵抗 R の端子電圧 V_R が4Vのとき，二次側の電圧 V_2 を求めよ。

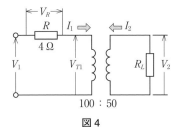

図4

🔄 変圧器の一次側の電圧 V_{T1} を求めてから，V_2 を求める。

(2) I_1 および I_2 を求めよ。

🔄 I_1 を求めてから，巻数比によって I_2 を求める。

(3) R_L を求めよ。

5 次の(1)〜(3)の整流回路になるように，回路図中の ⬚ 内にある必要な数のダイオードを適切に接続せよ。

(1) 半波整流回路

(2) ブリッジ全波整流回路

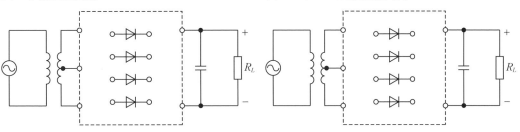

(3) センタタップ全波整流回路

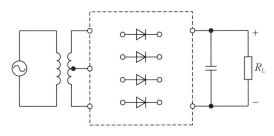

6 図5の整流回路を構成して,端子abより図6の波形v_{ab}を得た。
次の各問いに答えよ。

(1) この整流回路の回路名と,交流電源の
電圧の実効値Vを答えよ。

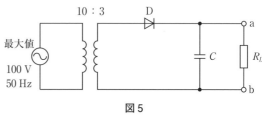

図5

(2) 無負荷（R_Lがない）の場合の端子ab
間の電圧V_oを求めよ。

(3) Cがない場合,端子ab間の波形はど
うなるか,図6の波形に合わせて描け。

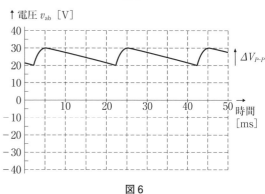

図6

(4) この回路でCとR_Lを合わせた部分の
回路名を答えよ。

(5) ダイオードDのせん頭逆電圧V_{rp}は何
V以上必要か求めよ。

(6) 波形の$\Delta V_{P\text{-}P}$の部分の変動は何と呼ばれているか答えよ。

(7) $\Delta V_{P\text{-}P}$の大きさを求めよ。

(8) 端子ab間の電圧V_Lを求めよ。ただし,v_{ab}の最大値と最小値
の平均値をV_Lとする。

(9) 電圧変動率δを求めよ。

(10) リプル百分率γを求めよ。

7 次の（　）内に適切な記号を記入せよ。
　　入力交流電力をP_i,出力直流電力をP_oとすると,整流効率ηは,
次の式で表される。

$$\eta = \frac{(1\qquad\quad)}{(2\qquad\quad)} \times 100 \ [\%]$$

8 入力交流電力$P_i=15\,\mathrm{W}$,出力直流電力$P_o=12\,\mathrm{W}$の場合の整流効
率を求めよ。

2 直列制御電源回路 （教科書 p. 267〜270）

1 直列制御方式による安定化回路 **2** 3端子レギュレータ

1 図1は直列制御安定化回路である。（　　）の部分の役割を示す
用語を下記の語群から選び，その記号を記入せよ。

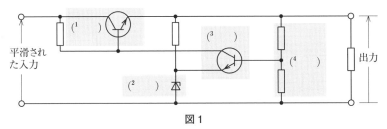

平滑された入力　出力

図1

> **語群**
> ア．基準電圧　　イ．出力電圧変化検出部　　ウ．制御部　　エ．比較部

2 次の文章は，3端子レギュレータについて述べたものである。

（　　）の中に適する用語や式および数値を下記の語群から選び，
その記号を記入せよ。

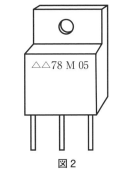

△△は製造会社名である。

△△78 M 05

図2

(1) 電源回路の安定化回路には，IC化された（1　　　）が広く
　使われている。

(2) 図2の表記について，05とは出力電圧が（2　　　）を示す。
　また，Mは最大出力電流として（3　　　）を示し，無印の場
　合は（4　　　）を示す。
　　さらに，78は出力電圧が（5　　　）を，79は（6　　　）
　を示す。

(3) 図3は3端子レギュレータの回路素子接続図
　の例である。C_1, C_4 は，（7　　　）コンデンサ
　を用いることが多い。また，C_2, C_3 の役割は
　（8　　　）用，C_4 は（9　　　）用である。

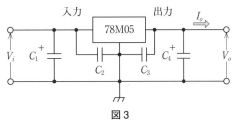

入力　出力　I_o

78M05

V_i　C_1　C_2　C_3　C_4　V_o

図3

> 損失は熱となって放散する。

(4) 3端子レギュレータの熱になる電力損失 P
　[W] は，I_o, V_i, V_o を用いて，次式で表される。

$$P = (10　　　)$$

> **語群**
> ア．半波整流回路　　イ．3端子レギュレータ　　ウ．5 V　　エ．50 V　　オ．15 V
>
> カ．0.5 A　　キ．1 A　　ク．2 A　　ケ．負電圧　　コ．正電圧　　サ．空気
>
> シ．電解　　ス．$\dfrac{I_o}{V_i - V_o}$　　セ．$I_o(V_i - V_o)$　　ソ．出力電圧安定　　タ．発振防止

3 スイッチング制御電源回路 （教科書 p. 271～277）

1 スイッチング制御　2 スイッチング制御電源回路の構成
3 スイッチングレギュレータ方式

1 図1はスイッチング制御電源回路の構成である。次の文の（　　）

の中に適する用語を下記の語群から選び，その記号を記入せよ。

(1) スイッチング制御電源回路は，図1の③安定化回路に，

（1　　）方式を用いた電源回路である。

(2) この安定化回路は，スイッチに相当する素子と（2　　）回

路から構成され，図1の②平滑回路からの電圧を，安定化回路内

のスイッチのオン・オフの時間を制御し，安定化回路内の

（2　　）回路で平均化して任意の大きさの直流電圧を出力する。

このように出力電圧を制御する方法を（3　　）という。

(3) （3　　）によって任意の大きさの電圧を取り出すので，

（4　　）回路で使用されている（5　　）を使わずにすむ。

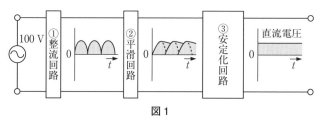

図1

語群

ア．スイッチング制御　　イ．変圧　　ウ．平滑

エ．スイッチングレギュレータ　　オ．変圧器

---

2 図2の①～③に下記の図記号群から適切な図記号を入れて，降圧

型チョッパと昇圧型チョッパの回路を構成せよ。

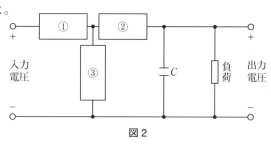

回路の場所	①	②	③
降圧型チョッパ	1	2	3
昇圧型チョッパ	4	5	6

図2

図記号群

ア．　　イ．　　ウ．　　エ．　　オ．　　カ．　　キ．

---

④　スイッチングレギュレータによる安定化回路
⑤　直列制御電源回路との比較

1　次の文の（　　）の中に適する用語を下記の語群から選び，その
記号を記入せよ。ただし，図3のスイッチング電源回路における降
圧型チョッパによるスイッチングレギュレータ安定化回路を参考に
すること。

(1)　電流を制御信号によって，オン・オフ制御する素子のことを
　　（1　　　　）素子という。

⤷　MOS FET の働きである。

(2)　出力電圧変化検出部で検出された電圧と基準電圧を比べて，制
　　御電圧を発生する回路を（2　　　　）回路という。

(3)　基準電圧は，（3　　　　）の端子電圧を利用する。

(4)　補助電源には（4　　　　）がよく用いられる。

(5)　ダイオード D_F は（5　　　　）ダイオードと呼ばれる。

⤷　L との関係で考える。

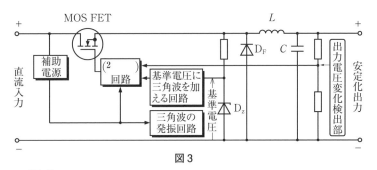

図3

```
─ 語群 ───────────────────────────────────

　ア．スイッチ　　イ．スイッチング　　ウ．SW　　エ．比較　　オ．比例

　カ．3端子レギュレータ　　キ．フライホイール　　ク．フリー

　ケ．ツェナーダイオード　　コ．pn 接合ダイオード

────────────────────────────────────────
```

2　次のスイッチング制御電源回路に関する文の（　　）内に適切な
用語または数値を記入せよ。

(1)　スイッチング制御電源回路のスイッチング周波数は，
　　（1　　　　）kHz 以上である。

(2)　スイッチング制御電源回路は，高い周波数のパルスで出力電圧
　　を制御しているので，（2　　　　）が発生しやすい。

⤷　短所の一つである。

(3)　スイッチング制御電源回路は，小形（3　　　　）であり，直列
　　制御電源回路に比べて（4　　　　）が高い。

⤷　長所を記入する。

章 末 問 題

1 図1の回路のD₁, D₂, D₃, D₄部分にダイオードを
追加し，R_Lに示した極の向きになるように，全波整
流回路のダイオードブリッジを完成せよ。

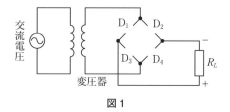

図1

2 図2の回路は，直列制御
安定化回路である。出力電
圧の変動を制御する手順を
図3のブロック図に示す。
図中の（　）内に適切な
用語を記入せよ。

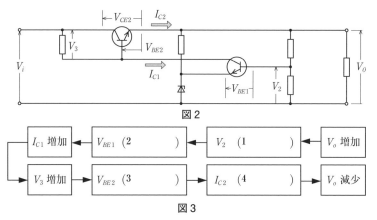

図2

図3

3 次の文章は，図4の降圧型チョッパの働きについて述べたものである。（　）の中に適する
用語を下記の語群から選び，その記号を記入せよ。

(1) スイッチ（MOS FET）がオンのとき（図4(a)），Dには（¹　　　）が加わっているので
電流が流れず，Lを通して電流が出力され，負荷に供給される。それと同時にLには電流によ
る（²　　　）が，Cには（³　　　）がそれぞれたくわえられる。

(2) スイッチがオフになると，Lに電圧V_Lが発生し，L→負荷→Dの経路で電流が流れ，Cも
（³　　　）を放出して負荷に電流が流れる。Dは，入力電圧がない状態でも，Lにたくわえ
られたエネルギーによって電流を出力に流し続けるように動作している。Dを（⁴　　　）と
いう。

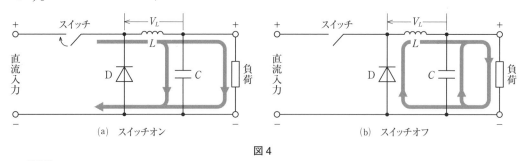

図4

語群
ア．フライホイールダイオード　　イ．逆方向電圧　　ウ．電荷　　エ．電磁エネルギー

電子回路 演習ノート

解 答 編

第1章 電子回路素子

1 半導体 (p. 3)

1 半導体と原子

1 1, 2, 3 ウ, カ, ス 4 テ
5, 6, 7 コ, セ, チ 8 ク
9, 10, 11 キ, ケ, タ 12 シ 13 オ
14 ツ 15 イ 16, 17 ア, ソ 18 エ

2 自由電子と正孔の働き **3** 半導体の種類

1 1 キ 2 オ 3 シ 4 ツ 5 サ 6 チ
7 ナ 8 テ 9 ト 10 ク 11 コ
12 ソ 13, 14 ア, エ 15 カ 16 ケ
17 タ 18, 19 イ, ウ 20 セ 21 ス

4 キャリヤのふるまい **5** pn 接合

6 ショットキー接合

1 1 カ 2 キ 3 シ 4 ア 5 イ 6 ケ
7, 8 ウ, ク 9 サ 10 セ 11 ス
12 コ 13 オ 14 ソ

2 ダイオード (p. 6)

1 pn 接合ダイオード

1 1 + 2 − 3 K 4 A 5 A 6 K
2 1 B 2 A 3 C 4 E 5 D

2 ショットキー接合ダイオード

1 1 キ 2 ア 3 ク 4 イ 5 オ 6 コ

3 ダイオード回路

$V_F = 0.8\,\text{V}$, $I_F = 22\,\text{mA}$（下図参照），
$V_R = E - V_F = 3 - 0.8 = 2.2\,\text{V}$

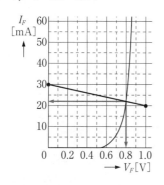

4 ダイオードの最大定格

1 1 エ 2 ア 3 ウ 4 イ

5 ダイオードの利用

1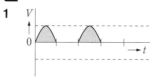

6 その他のダイオード

1 1, 2 テ, キ 3 ス 4 イ 5 ケ 6 タ
7 ウ 8 カ 9 ソ 10, 11 コ, ヌ
12 シ 13 ニ 14 オ 15 ス 16 ア
17 ト 18 ナ 19 サ 20 セ 21 チ
22, 23 ク, ツ

3 トランジスタ (p. 9)

1 トランジスタの基本構造

1 1 イ 2 カ 3 ク 4 オ

2 トランジスタの静特性

3 トランジスタの基本動作

1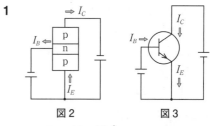

図2   図3

2 $h_{FE} = \dfrac{I_C}{I_B} = \dfrac{4.5 \times 10^{-3}}{30 \times 10^{-6}} = 150$

4 トランジスタの最大定格

1 $I_C = \dfrac{P_{C\text{max}}}{V_{CE}} = \dfrac{600 \times 10^{-3}}{9} ≒ 66.7\,\text{mA}$

4 FET（電界効果トランジスタ） (p. 10)

1 FET の特徴

1 1, 2, 3 エ, オ, カ 4 ア 5 ウ 6 ク
7 イ 8, 9 サ, ス 10, 11 コ, シ
12 キ 13 ケ

2 接合形 FET

1 1 ウ 2 エ 3 オ 4 キ

2 1 イ 2 エ 3 ク 4 カ 5 ア 6 キ
7 オ 8 ウ

3 下図より,

$$g_m = \frac{\Delta I_D}{\Delta V_{GS}} = \frac{6 \times 10^{-3} - 2 \times 10^{-3}}{-0.4 - (-1.6)} \doteqdot 3.33 \text{ mS}$$

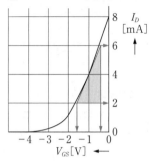

3 MOS FET

1 1, 2, 3 ク, ア, エ 4 ケ 5 キ
6 ウ 7 カ 8 イ

2 1 キ 2 エ 3 ソ 4 イ 5 ク 6 カ
7 ケ 8 オ 9 コ 10 カ 11 サ
12 ウ

5 その他の半導体素子 (p. 13)

1 1 サ 2 セ 3 オ 4 ケ 5 ト
6 ス 7 ナ 8 ウ 9 ソ
10, 11, 12 タ, エ, コ 13 ア 14 イ
15 カ 16 タ 17 テ 18 キ 19 ツ
20 ク 21 シ 22 チ

6 集積回路 (p. 14)

1 1 オ 2 カ 3 ウ 4 ア 5 エ 6 コ
7 キ 8 イ 9 ケ

2 (1) ウ, エ (2) ア, イ

章末問題 (p. 15)

1 1 3 2 p
3, 4, 5 インジウム, ホウ素, ガリウム
6 正孔 7 自由電子 8 5 9 n
10, 11, 12 ヒ素, リン, アンチモン
13 自由電子 14 正孔

2 1 アノード 2 カソード 3 ベース
4 コレクタ 5 エミッタ 6 ゲート
7 ドレーン 8 ソース

3 $I_F = \dfrac{E - V_F}{R}$ より

$$I_{F \bigcirc} = \frac{8 - 0.0}{270} \doteqdot 29.6 \text{ mA} \quad \bigcirc$$

$$I_{F \triangle} = \frac{8 - 0.9}{270} \doteqdot 26.3 \text{ mA} \quad \triangle$$

○と△を結んだ直線と特性との交点●より
$I_F = 27$ mA, $V_F = 0.7$ V
また, $V_R = E - V_F = 8 - 0.7 = 7.3$ V

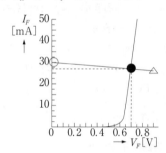

4 $I_B = \dfrac{I_C}{h_{FE}} = \dfrac{3 \times 10^{-3}}{200} = 15 \text{ μA}$

5 $g_m = \dfrac{\Delta I_D}{\Delta V_{GS}} = \dfrac{1.6 \times 10^{-3} - 1.2 \times 10^{-3}}{-0.32 - (-0.48)}$
$= 2.5 \times 10^{-3} \text{ S} = 2.5 \text{ mS}$

第2章　増幅回路の基礎

1 増幅とは　(p. 16)

1　1 ケ　2 オ　3 カ　4, 5 ア, ウ
　6, 7 イ, エ　8 キ　9 ク　10 ス
　11, 12 シ, セ　13 コ　14 サ　15 ケ

2 トランジスタ増幅回路の基礎　(p. 17)

1 トランジスタによる増幅の原理

1　$h_{FE} = \dfrac{I_C}{I_B} = \dfrac{15 \times 10^{-3}}{60 \times 10^{-6}} = 250$

　$h_{fe} = \dfrac{\Delta I_C}{\Delta I_B} = \dfrac{20 \times 10^{-3} - 12 \times 10^{-3}}{70 \times 10^{-6} - 50 \times 10^{-6}} = \dfrac{8 \times 10^{-3}}{20 \times 10^{-6}} = 400$

2

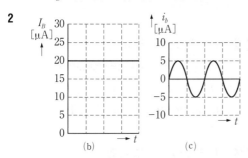

(b)　　　　　(c)

3　(1) ウ　(2) ア　(3) イ

2 トランジスタの基本増幅回路

1　1 シ　2 コ　3 サ　4 シ　5 エ　6 ツ
　7 ヌ　8 ニ　9 ス　10 イ　11 ナ
　12 ソ

2　(1)　$I_C = \dfrac{V_{CC}}{R_C} = \dfrac{10}{2.5 \times 10^3} = 4\,\text{mA}$

(2)　$V_{CE} = V_{CC} = 10\,\text{V}$

(3)　下図に示す。

(4)　$h_{FE} = \dfrac{I_C}{I_B} = \dfrac{2 \times 10^{-3}}{16 \times 10^{-6}} = 125$

(5)　下図に示す。

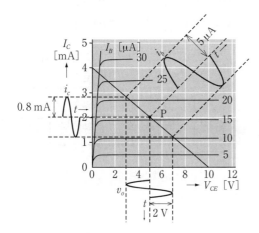

(6)　i_c の最大値は 0.8 mA，v_o の最大値は 2 V

3　(1)　$A_v = \dfrac{V_{om}}{V_{im}} = \dfrac{3}{20 \times 10^{-3}} = 150$

(2)　$I_{im} = \dfrac{I_{om}}{A_i} = \dfrac{1 \times 10^{-3}}{100} = 10\,\mu\text{A}$

(3)　$P_i = \dfrac{V_{im}}{\sqrt{2}} \cdot \dfrac{I_{im}}{\sqrt{2}} = \dfrac{1}{2} \times 20 \times 10^{-3} \times 10 \times 10^{-6}$
　　　$= 0.1\,\mu\text{W}$

　$P_o = \dfrac{V_{om}}{\sqrt{2}} \cdot \dfrac{I_{om}}{\sqrt{2}} = \dfrac{1}{2} \times 3 \times 1 \times 10^{-3} = 1.5\,\text{mW}$

　$A_p = \dfrac{P_o}{P_i} = \dfrac{1.5 \times 10^{-3}}{0.1 \times 10^{-6}} = 15\,000$

4　$G_v = 20 \log_{10} A_v = 20 \log_{10} 250 \fallingdotseq 48\,\text{dB}$

　$G_i = 20 \log_{10} A_i = 20 \log_{10} 160 \fallingdotseq 44\,\text{dB}$

　$G_p = 10 \log_{10} A_v A_i = 10 \log_{10} 40\,000 \fallingdotseq 46\,\text{dB}$

5　$G_v = 20 \log_{10} A_v = 40$ から　$A_v = 100$

　$v_i = \dfrac{v_o}{A_v} = \dfrac{2}{100} = 20\,\text{mV}$

6　回路全体の電力利得 G_p は

　$G_p = 10 \log_{10} \dfrac{P_o}{P_i} = 10 \log_{10} \dfrac{5}{0.5 \times 10^{-3}}$
　　　$= 10 \times 4 = 40\,\text{dB}$

　$G_{p3} = G_p - (G_{p1} + G_{p2}) = 40 - (15 + 14) = 11\,\text{dB}$

3 トランジスタの h パラメータと小信号等価回路

1　1 カ　2 ク　3 ウ　4 コ　5 キ　6 サ
　7 イ　8 エ

2　(1)

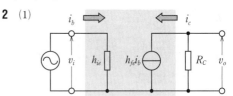

(2)　$A_i = h_{fe} = 200$

　$A_v = \dfrac{h_{fe}}{h_{ie}} R_C = \dfrac{200}{4 \times 10^3} \times 5 \times 10^3 = 250$

　$A_p = A_v A_i = 250 \times 200 = 50\,000$

　$G_p = 10 \log_{10} A_p = 10 \log_{10} 50\,000 \fallingdotseq 10 \times 4.7$
　　　$= 47\,\text{dB}$

　$Z_i = h_{ie} = 4\,\text{k}\Omega$　，　$Z_o = R_C = 5\,\text{k}\Omega$

1 1 シ 2 ケ 3 ス 4 イ 5 キ 6 エ
7 ア 8 ク 9 ウ 10 キ

2 (1) $I_B = \dfrac{I_C}{h_{FE}} = \dfrac{2 \times 10^3}{100} = 20\ \mu A$

$R_B = \dfrac{V_{CC} - V_{BE}}{I_B} = \dfrac{12 - 0.6}{20 \times 10^{-6}} = 570\ k\Omega$

$V_{CE} = \dfrac{V_{CC}}{2} = \dfrac{12}{2} = 6\ V$

$R_C = \dfrac{V_{CC} - V_{CE}}{I_C} = \dfrac{12 - 6}{2 \times 10^{-3}} = 3\ k\Omega$

(2) $I_B = \dfrac{V_{CC} - V_{BE}}{R_B} = \dfrac{6 - 0.6}{270 \times 10^3} = 20\ \mu A$

$I_C = h_{FE} I_B = 150 \times 20 \times 10^{-6} = 3\ mA$

$V_{CE} = \dfrac{V_{CC}}{2} = \dfrac{6}{2} = 3\ V$

$R_C = \dfrac{V_{CC} - V_{CE}}{I_C} = \dfrac{6 - 3}{3 \times 10^{-3}} - 1\ k\Omega$

3 (1) $I_B = \dfrac{I_C}{h_{FE}} = \dfrac{1.5 \times 10^{-3}}{100} = 15\ \mu A$

$R_B = \dfrac{V_{CC} - R_C I_C - V_{BE}}{I_B}$

$= \dfrac{6 - 3 \times 10^3 \times 1.5 \times 10^{-3} - 0.6}{15 \times 10^{-6}} = 60\ k\Omega$

(2) $I_C = h_{FE} I_B = 120 \times 10 \times 10^{-6} = 1.2\ mA$

$V_{RC} = V_{CC} - V_{CE} = \dfrac{V_{CC}}{2} = \dfrac{9}{2} = 4.5\ V$

$R_C = \dfrac{V_{RC}}{I_C} = \dfrac{4.5}{1.2 \times 10^{-3}} = 3.75\ k\Omega$

$R_B = \dfrac{V_{CC} - V_{RC} - V_{BE}}{I_B} = \dfrac{9 - 4.5 - 0.6}{10 \times 10^{-6}} = 390\ k\Omega$

4 (1) $I_E \fallingdotseq I_C$ とすると

$R_E = \dfrac{V_{RE}}{I_E} = \dfrac{1}{1 \times 10^{-3}} = 1\ k\Omega$

$I_B = \dfrac{I_C}{h_{FE}} = \dfrac{1 \times 10^{-3}}{160} = 6.25\ \mu A$

$I_A = 20\ I_B = 20 \times 6.25 \times 10^{-6} = 125\ \mu A$

$V_{RA} = V_{BE} + V_{RE} = 0.6 + 1 = 1.6\ V$

$R_A = \dfrac{V_{RA}}{I_A} = \dfrac{1.6}{125 \times 10^{-6}} = 12.8\ k\Omega$

$R_B = \dfrac{V_{CC} - V_{RA}}{I_A + I_B} = \dfrac{12 - 1.6}{(125 + 6.25) \times 10^{-6}} \fallingdotseq 79.2\ k\Omega$

(2) $I_E \fallingdotseq I_C$ とすると

$R_E = \dfrac{V_{RE}}{I_E} = \dfrac{1}{2 \times 10^{-3}} = 500\ \Omega$

$V_{RC} = V_{CE}$ より

$V_{RC} = \dfrac{V_{CC} - V_{RE}}{2} = \dfrac{6 - 1}{2} = 2.5\ V$

$R_C = \dfrac{V_{RC}}{I_C} = \dfrac{2.5}{2 \times 10^{-3}} = 1.25\ k\Omega$

$I_B = \dfrac{I_C}{h_{FE}} = \dfrac{2 \times 10^{-3}}{100} = 20\ \mu A$

$I_A = 20\ I_B = 20 \times 20 \times 10^{-6} = 400\ \mu A$

$V_{RA} = V_{BE} + V_{RE} = 0.6 + 1 = 1.6\ V$

$R_A = \dfrac{V_{RA}}{I_A} = \dfrac{1.6}{400 \times 10^{-6}} = 4\ k\Omega$

$R_B = \dfrac{V_{CC} - V_{RA}}{I_A + I_B} = \dfrac{6 - 1.6}{(400 + 20) \times 10^{-6}} \fallingdotseq 10.5\ k\Omega$

4 トランジスタによる
小信号増幅回路 （p. 24）

1 1 カ 2 オ 3 ケ 4 ツ 5 サ 6 ソ
7 イ 8 タ 9 ウ 10 ク 11 キ
12 チ

5 トランジスタによる
小信号増幅回路の設計 （p. 25）

1 (1) $R_E = \dfrac{V_{RE}}{I_E} = \dfrac{0.1\ V_{CC}}{I_C} = \dfrac{0.1 \times 9}{1 \times 10^{-3}} = 900\ \Omega$

(2) $V_{RC} = \dfrac{V_{CC} - V_{RE}}{2} = \dfrac{9 - 0.9}{2} = 4.05\ V$

$R_C = \dfrac{V_{RC}}{I_C} = \dfrac{4.05}{1 \times 10^{-3}} \fallingdotseq 4.1\ k\Omega$

(3) $I_B = \dfrac{I_C}{h_{FE}} = \dfrac{1 \times 10^{-3}}{120} \fallingdotseq 8.3\ \mu A$

$I_A = 20\ I_B = 20 \times 8.3 \times 10^{-6} = 166\ \mu A$

(4) $V_{RA} = V_{BE} + V_{RE} = 0.6 + 0.9 = 1.5\ V$

$V_{RB} = V_{CC} - V_{RA} = 9 - 1.5 = 7.5\ V$

(5) $R_A = \dfrac{V_{RA}}{I_A} = \dfrac{1.5}{166 \times 10^{-6}} \fallingdotseq 9\ k\Omega$

$R_B = \dfrac{V_{RB}}{I_A + I_B} = \dfrac{7.5}{(166 + 8.3) \times 10^{-6}} \fallingdotseq 43\ k\Omega$

(6)

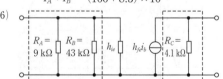

(7) $A_v = \dfrac{h_{fe}R_C}{h_{ie}} = \dfrac{120 \times 4.1 \times 10^3}{4 \times 10^3} = 123$

(8) $Z_i = \dfrac{1}{\dfrac{1}{R_A} + \dfrac{1}{R_B} + \dfrac{1}{h_{ie}}}$

$= \dfrac{1}{\dfrac{1}{9 \times 10^3} + \dfrac{1}{43 \times 10^3} + \dfrac{1}{4 \times 10^3}} \fallingdotseq 2.6 \text{ k}\Omega$

(9) $C_E = \dfrac{h_{fe}}{2\pi f_{CL} h_{ie}} = \dfrac{120}{2\pi \times 20 \times 4 \times 10^3} = 239 \text{ μF}$

6 FET による小信号増幅回路 (p. 27)

1 FET の相互コンダクタンスと等価回路

2 MOS FET による小信号増幅回路の設計

1 1 カ 2 キ 3 エ 4 オ 5 ケ 6 イ
7 ア 8 ウ

2 (1) $V_S = V_{DD} \times 0.1 = 10 \times 0.1 = 1 \text{ V}$

(2) $R_S = \dfrac{V_S}{I_S} = \dfrac{1}{1 \times 10^{-3}} = 1 \times 10^3 = 1 \text{ k}\Omega$

(3) $V_{RD} = V_{DS}$, $V_S = 1 \text{ V}$ より

$V_{RD} = \dfrac{10 - 1}{2} = 4.5 \text{ V}$

(4) $R_D = \dfrac{V_{RD}}{I_D} = \dfrac{4.5}{1 \times 10^{-3}} = 4.5 \times 10^3 = 4.5 \text{ k}\Omega$

(5) V_{GS}–I_D 特性より $V_{GS} = 1.5 \text{ V}$

(6) $V_{R2} = V_S + V_{GS} = 1 + 1.5 = 2.5 \text{ V}$

(7) $V_{R2} = V_{DD} \times \dfrac{R_2}{R_1 \times R_2}$ であるから

$R_2 = \dfrac{R_1 V_{R2}}{V_{DD} - V_{R2}} = \dfrac{1 \times 10^6 \times 2.5}{10 - 2.5} \fallingdotseq 333 \text{ k}\Omega$

(8) $Z_i = \dfrac{R_1 R_2}{R_1 + R_2} = \dfrac{1 \times 10^6 \times 333 \times 10^3}{1 \times 10^6 + 333 \times 10^3} \fallingdotseq 250 \text{ k}\Omega$

(9) $C_1 = \dfrac{1}{2\pi f_{C1} Z_i} = \dfrac{1}{2\pi \times 20 \times 250 \times 10^3} \fallingdotseq 0.032 \text{ μF}$

(10) $Z_o = \dfrac{R_D R_i}{R_D + R_i} = \dfrac{4.5 \times 10^3 \times 1 \times 10^6}{4.5 \times 10^3 + 1 \times 10^6} \fallingdotseq 4.48 \text{ k}\Omega$

(11) $C_2 = \dfrac{1}{2\pi f_{C2}(R_D + R_i)}$

$= \dfrac{1}{2\pi \times 20 \times (4.5 \times 10^3 + 1 \times 10^6)}$

$\fallingdotseq 0.008 \text{ μF}$

(12) $A_i = \dfrac{R_D}{R_D + R_i} g_m Z_i$

$= \dfrac{4.5 \times 10^3}{4.5 \times 10^3 + 1 \times 10^6} \times 6 \times 10^{-3} \times 250 \times 10^3$

$\fallingdotseq 6.7$

(13) $A_v = Z_o g_m = 4.48 \times 10^3 \times 6 \times 10^{-3} \fallingdotseq 26.9$

3 接合形 FET による小信号増幅回路の設計

1 (1) $V_{GS} = -0.2 \text{ V}$, $I_D = 2 \text{ mA}$

図 10 の特性図の P 点に接線をとり，その傾き
を求める。

$g_m = \dfrac{\Delta I_D}{\Delta V_{GS}} = \dfrac{2.5 - 0}{0 - (-0.9)} = 2.78 \text{ mS}$

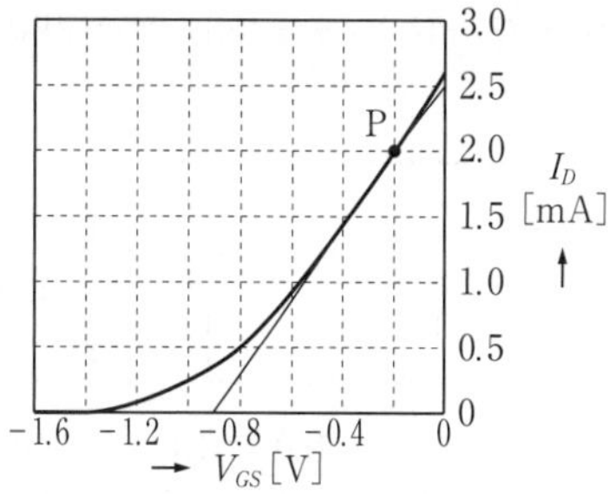

(2) $R_D = \dfrac{V_{RD}}{I_D} = \dfrac{5}{I_D} = \dfrac{5}{2 \times 10^{-3}} = 2.5 \text{ k}\Omega$

2 $V_G = V_{DD} \times \dfrac{R_2}{R_1 + R_2} = 2.55$ であるから

$R_2 = \dfrac{500 \times 10^3 \times 2.55}{12 - 2.55} \fallingdotseq 135 \text{ k}\Omega$

$R_S = \dfrac{V_S}{I_D} = \dfrac{2.8}{4 \times 10^{-3}} = 700 \text{ }\Omega$

3 $V_G = 10 \times \dfrac{180 \times 10^3}{1.2 \times 10^6 + 180 \times 10^3}$

$= 1.3 \text{ V}$

$V_S = 1.3 + 0.8 = 2.1 \text{ V}$

$R_S = \dfrac{V_S}{I_{DP}} = \dfrac{2.1}{5 \times 10^{-3}}$

$= 420 \text{ }\Omega$

1 回路全体の電圧利得 G_v は

$$G_v = 20 \log_{10} \frac{v_o}{v_i} = 20 \log_{10} \frac{5}{0.5 \times 10^{-3}}$$

$$= 20 \times 4 = 80 \text{ dB}$$

$$G_{v3} = G_v - (G_{v1} + G_{v2}) = 80 - (25 + 34) = 21 \text{ dB}$$

2 (1)

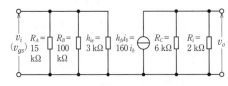

(2) $A_v = \left(\dfrac{h_{fe}}{h_{ie}}\right)\left(\dfrac{R_C R_i}{R_C + R_i}\right) = \left(\dfrac{160}{3\,000}\right)\left(\dfrac{6\,000 \times 2\,000}{6\,000 + 2\,000}\right)$

$$= 80$$

3 (1)

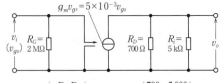

(2) $A_v = g_m \left(\dfrac{R_D R_i}{R_D + R_i}\right) = 5 \times 10^{-3} \times \left(\dfrac{700 \times 5\,000}{700 + 5\,000}\right) \fallingdotseq 3.1$

第3章　いろいろな増幅回路

1 負帰還増幅回路　(p. 32)

1　1 セ　2 ナ　3 ツ　4 コ　5 ウ　6 ソ
　　7 オ　8 タ　9 イ　10 ケ　11 ク　12 シ

2　$A_{vf} = \dfrac{A_v}{1 + A_v \beta} = \dfrac{800}{1 + 800 \times 0.01} \fallingdotseq 89$

$F = 20 \log_{10}(1 + A_v \beta)$

$\quad = 20 \log_{10}(1 + 800 \times 0.01) \fallingdotseq 19 \text{ dB}$

3　増幅度 A_v が 20 % 低下すると $A_v = 640$ となる
ので

$$A_{vf} = \frac{A_v}{1 + A_v \beta} = \frac{640}{1 + 640 \times 0.01} \fallingdotseq 87$$

2 差動増幅回路と演算増幅器　(p. 33)

1　1 セ　2 エ　3 ス　4 カ　5 キ　6 コ
　　7 ウ　8 ア　9 ウ

2　$I_B = \dfrac{V_{EE} - V_{BE}}{2 h_{FE} R_E}$

$\quad = \dfrac{15 - 0.6}{2 \times 150 \times 20 \times 10^3} = 2.4 \text{ µA}$

$I_C = I_B h_{FE} = 2.4 \times 10^{-6} \times 150$

$\quad = 0.36 \text{ mA}$

$V_{CE} = V_{CC} + V_{EE} - (R_C + 2R_E) I_C$

$\quad = 30 - (4.7 \times 10^3 + 2 \times 20 \times 10^3) \times 0.36 \times 10^{-3}$

$\quad \fallingdotseq 13.9 \text{ V}$

3　(1) $A_{vf} = -\dfrac{R_F}{R_S} = -\dfrac{80 \times 10^3}{5 \times 10^3} = -16$

(2) 逆相増幅回路であるから，入力電圧と出力電
　　圧の位相は反転する。

4　(1) $A_{vf} = 1 + \dfrac{R_F}{R_S} = 1 + \dfrac{150 \times 10^3}{25 \times 10^3} = 1 + 6 = 7$

(2) $v_O = A_{vf} v_i = 7 \times 10 \times 10^{-3} = 70 \text{ mV}$

(3) 正相増幅回路であるから，入力電圧と出力電
　　圧の位相は同相となる。

5　$V_O = -\left(\dfrac{R_F}{R_1} V_1 + \dfrac{R_F}{R_2} V_2\right)$

$\quad = -\left(\dfrac{100 \times 10^3}{25 \times 10^3} \times 0.5 + \dfrac{100 \times 10^3}{100 \times 10^3} \times 2\right)$

$\quad = -(2 + 2) = -4 \text{ V}$

6
$$V_O = -\left(\frac{R_F}{R_1}V_1 + \frac{R_F}{R_2}V_2 + \frac{R_F}{R_3}V_3\right)$$
$$= -\left(\frac{500\times10^3}{100\times10^3}\times1 + \frac{500\times10^3}{250\times10^3}\times(-1)\right.$$
$$\left. + \frac{500\times10^3}{400\times10^3}\times(-2)\right)$$
$$= -(5-2-2.5) = -0.5\ \mathrm{V}$$

3 電力増幅回路　(p. 35)

1 電力増幅回路の基礎

1

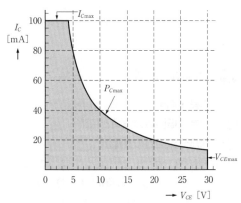

2 1　B　2　C　3　A

3 $R_L = n^2R = 10^2\times8 = 800\ \Omega$

4 $R_L = n^2R_S$

$$n = \sqrt{\frac{R_L}{R_S}} = \sqrt{\frac{1\,000}{4}} \fallingdotseq 15.8$$

2 A級シングル電力増幅回路

1 (1)　$n = \sqrt{\dfrac{R_L}{R_S}} = \sqrt{\dfrac{500}{4}} \fallingdotseq 11.2$

(2)　$P_{om} = \dfrac{V_{CC}^2}{2R_L} = \dfrac{10^2}{2\times500} = 100\ \mathrm{mW}$

(3)　$I_{cp} = \dfrac{V_{CC}}{R_L} = \dfrac{10}{500} = 20\ \mathrm{mA}$

(4)　$P_{DC} = V_{CC}I_{cp} = 10\times20\times10^{-3} = 200\ \mathrm{mW}$

(5)　$P_C = P_{DC} - P_{om} = 200\times10^{-3} - 100\times10^{-3}$
　　$= 100\ \mathrm{mW}$

　　$P_{cm} = P_{DC} = 200\ \mathrm{mW}$

(6)　$\eta_m = \dfrac{P_{om}}{P_{DC}} = \dfrac{100\times10^{-3}}{200\times10^{-3}} = 0.5 = 50\,\%$

(7)　コレクタ損失は無信号時に最大となる。

3 B級プッシュプル電力増幅回路

1 1　ト　2　サ　3　コ　4　キ　5　ク
　　6　ア　7　エ　8　ス　9　ナ　10　ケ
　　11　シ　12　タ　13　ソ

2 $h_{FE} = h_{FE1}\,h_{FE2}$
　　　$= 100\times160 = 16\,000$

3 $P_{om} = \dfrac{V_{CC}^2}{2R_L} = \dfrac{9^2}{2\times8} \fallingdotseq 5.06\ \mathrm{W}$
　　　$5.06\times0.7 = 3.54\ \mathrm{W}$

4 (1)　D_1 と D_2　(2)　C_2

(3)　放電して，Tr_2 にコレクタ電流を流す。

4 高周波増幅回路　(p. 39)

1 1　ツ　2　オ　3　ウ　4　カ　5　エ　6　イ
　　7　コ　8　ケ　9　サ　10　チ　11　セ

2 $B = \dfrac{f_o}{Q_o} = \dfrac{455\times10^3}{100} = 4.55\ \mathrm{kHz}$

章末問題　(p. 40)

1 (1)　$A_{vf} = -\dfrac{R_F}{R_S} = -\dfrac{100\times10^3}{4\times10^3} = -25$

(2)　$v_O = -A_{vf}v_i = -25\times20\times10^{-3} = -0.5\ \mathrm{V}$

(3)　逆相増幅回路であるから，入力電圧と出力電圧の位相は反転する。

2 1, 2, 3.　A, B, C　4　A　5　変成器
　　6　SEPP　7　OTL　8　クロスオーバ
　　9　コンプリメンタリ　10　ベース
　　11　コレクタ　12　トランジション

3 $Q = \dfrac{f_o}{B} = \dfrac{455\times10^3}{15\times10^3} \fallingdotseq 30.3$

第4章　発振回路

1 発振回路の基礎　(p. 41)

1 1 チ　2 コ　3 セ　4 ク　5 カ　6 オ
7 キ　8 タ　9 イ　10 エ　11 ウ

2 *LC* 発振回路　(p. 42)

1 1 ケ　2 キ　3 ト　4 タ　5 ウ　6 カ
7 ス　8 ツ　9 シ　10 エ　11 テ
12 ソ　13 オ　14 ナ　15 キ

2　$f = \dfrac{1}{2\pi\sqrt{L_1 C}}$

$= \dfrac{1}{2\pi\sqrt{100\times10^{-6}\times470\times10^{-12}}} \fallingdotseq 734\,\text{kHz}$

3　$M = k\sqrt{L_1 L_2} = \sqrt{400\times10^{-6}\times100\times10^{-6}}$

$= 200\times10^{-6}\,\text{H}$

$f = \dfrac{1}{2\pi\sqrt{(L_1+L_2+2M)C}}$

$= \dfrac{1}{2\pi\sqrt{(400\times10^{-6}+100\times10^{-6}+2\times200\times10^{-6})\times330\times10^{-12}}}$

$\fallingdotseq 292\,\text{kHz}$

4　$f = \dfrac{1}{2\pi\sqrt{L\left(\dfrac{C_1 C_2}{C_1+C_2}\right)}}$

$= \dfrac{1}{2\pi\sqrt{50\times10^{-6}\times\left(\dfrac{100\times100}{100+100}\right)\times10^{-12}}}$

$\fallingdotseq 3.18\,\text{MHz}$

5　$f^2 = \dfrac{1}{4\pi^2 L\left(\dfrac{C_1 C_2}{C_1+C_2}\right)}$

$L = \dfrac{1}{4\pi^2 f^2\left(\dfrac{C_1 C_2}{C_1+C_2}\right)}$

$= \dfrac{1}{4\pi^2\times(10\times10^6)^2\times\left(\dfrac{47\times47}{47+47}\right)\times10^{-12}}$

$\fallingdotseq 10.8\,\mu\text{H}$

6　$f = \dfrac{1}{2\pi\sqrt{L\left(\dfrac{1}{\dfrac{1}{C_1}+\dfrac{1}{C_2}+\dfrac{1}{C_3}}\right)}}$

$= \dfrac{1}{2\pi\sqrt{50\times10^{-6}\times\dfrac{1}{\dfrac{1}{100}+\dfrac{1}{100}+\dfrac{1}{10}}\times10^{-12}}}$

$\fallingdotseq 7.8\,\text{MHz}$

3 *CR* 発振回路　(p. 44)

1 1 セ　2 エ　3 ケ　4 イ　5 カ　6 サ
7 ス　8 ク　9 コ　10 ア　11 キ
12 シ　13 オ　14 ウ

4 水晶発振回路　(p. 45)

1 水晶振動子
2 水晶発振回路の種類と特徴
3 水晶発振回路の実際例

1 1 サ　2 ク　3 カ　4 イ　5 ス　6 ツ
7 チ　8 セ　9 エ　10 エ　11 テ
12 タ　13 コ　14 ト　15 オ

4 PLL

1 1 コ　2 ケ　3 キ　4 ク　5 ス　6 サ
7 ウ　8 ア　9 エ　10 オ

2

m \ n	2	4	8	16	32
16	320	640	1 280	2 560	5 120
32	160	320	640	1 280	2 560
64	80	160	320	640	1 280
128	40	80	160	320	640
256	20	40	80	160	320

1 (1) $\dfrac{v_o}{v_i}$ (2) $\dfrac{v_f}{v_o}$ (3) $A_v\beta = \dfrac{v_o}{v_i}\cdot\dfrac{v_f}{v_o} = \dfrac{v_f}{v_i}$

(4) $A_v\beta \geqq 1$

(5) 正帰還であること。または，v_i と v_f が同相。

2

	1	2	3
(1)	1 ⌇⌇⌇	2 ⌇⌇⌇	3 ⊣⊢
(2)	1 ⊣⊢	2 ⊣⊢	3 ⌇⌇⌇
(3)	1 ⊣⊢	2 ⊣⊢	3 ⊣☐⊢
(4)	1 ⊣⊢	2 ⊣⊢	3 ⊣⌇⌇⊢
(5)	1 ⌇⌇⌇	2 (trans)	3 なし

3 $f_o = \dfrac{1}{2\pi\sqrt{LC_o}}$ より，

$C_o = \dfrac{1}{2^2\pi^2 Lf_o^2} = \dfrac{1}{2^2\times\pi^2\times 20\times 10^{-6}\times(1\times 10^6)^2}$
$\fallingdotseq 1\,267\text{ pF}$

コルピッツ発振回路の場合，

$C_o = \dfrac{C_1 C_2}{C_1 + C_2}$ であり，$C_1 = C_2 = C$ なので，

$C = 2C_o = 2\,534\text{ pF} \fallingdotseq 0.002\,5\ \mu\text{F}$

4 $f_o = \dfrac{1}{2\pi\sqrt{6}\,CR}$ より，

$C = \dfrac{1}{2\pi\sqrt{6}\,f_o R} = \dfrac{1}{2\pi\times\sqrt{6}\times 1\times 10^3\times 10\times 10^3}$
$\fallingdotseq 0.006\,5\ \mu\text{F}$

5 $f_o = \dfrac{n}{m}f_r$ より，

$f_r = \dfrac{m}{n}f_o = \dfrac{2\,048}{128}\times 1\times 10^6 = 16\text{ MHz}$

第5章　変調回路・復調回路

1 変調・復調の基礎 （p. 48）

1 1 イ 2, 3 ウ, ア 4 キ 5 エ 6 カ
7 ク 8 オ

2 ①-ⓒ ②-ⓓ ③-ⓑ ④-ⓐ

3 1 amplitude 2 frequency 3 phase

2 振幅変調・復調 （p. 49）

1 1 イ 2 エ 3 オ 4 ク 5 キ 6 ケ

2 1 601 2 600.2 3 599.8 4 599

3 1 V_{sm} 2 V_{cm} 3 $V_{cm}+V_{sm}$ 4 V_{cm}
5 V_{cm} 6 $(1-m)$ 7 $a-b$ 8 $a+b$

4 1 イ 2 キ 3 エ

5 1, 2 カ, キ 3 ケ 4 コ 5 サ 6 シ
7 ケ 8 ク 9 ソ 10 ア 11 エ
12 セ 13 イ 14 ス

3 周波数変調・復調 （p. 52）

1 1 エ 2 ウ 3 シ 4 オ 5 ク 6 コ
7 サ 8 ソ

2 $m_f = 4$，$B = 200\text{ kHz}$

3 1 オ 2 ク 3 ケ 4 コ 5 ウ 6 イ
7 キ

4 $C_s = \dfrac{1}{\dfrac{1}{22\times 10^{-12}}+\dfrac{1}{47\times 10^{-12}}+\dfrac{1}{47\times 10^{-12}}}$
$\fallingdotseq 11.36\text{ pF}$

$C_v = 11\text{ pF}$ のとき

$C_m = \dfrac{1}{\dfrac{1}{10\times 10^{-12}}+\dfrac{1}{11\times 10^{-12}}}$
$\fallingdotseq 5.24\text{ pF}$

$f_{(11)} = \dfrac{1}{2\pi\sqrt{0.12\times 10^{-6}\times(11.36+5.24)\times 10^{-12}}}$
$\fallingdotseq 112.77\text{ MHz}$

$C_v = 12\text{ pF}$ のとき

$C_m = \dfrac{1}{\dfrac{1}{10\times 10^{-12}}+\dfrac{1}{12\times 10^{-12}}}$
$\fallingdotseq 5.45\text{ pF}$

$$f_{(12)} = \cfrac{1}{2\pi\sqrt{0.12\times10^{-6}\times(11.36+5.45)\times10^{-12}}}$$

$$\fallingdotseq 112.06\ \mathrm{MHz}$$

$$\varDelta f = f_{(11)} - f_{(12)} = 0.71\ \mathrm{MHz} \fallingdotseq 0.7\ \mathrm{MHz}$$

4 その他の変調・復調 （p. 54）

1 位相変調（PM）・復調
2 ディジタル変調・復調

1 1 ケ 2 カ 3 エ 4 オ 5 シ 6 ア
7 サ 8 イ 9 コ 10 ウ 11 ク

2 1 エ 2 オ 3 カ 4 オ 5 ウ 6 ア
7 イ

3 1 イ 2 ウ 3 オ 4 ア 5 エ 6 カ

3 パルス変調

1 1 ケ 2 キ 3 ア 4 ク 5 エ 6 オ
7 ウ 8 カ 9 イ

章末問題 （p. 56）

1 1 595 2 599.9 3 600 4 600.1
5 605

2 $a = 2.7\ \mathrm{V}$　$b = 1.3\ \mathrm{V}$

3 $B = 80\ \mathrm{kHz}$

4 1 エ 2 ウ 3 カ 4 イ

第6章 パルス回路

1 パルス波形と *CR* 回路の応答 （p. 57）

1 1 エ 2 カ 3 オ 4 ア

2 1 エ 2 コ 3 ア 4 オ 5 サ

3 1 イ 2 キ 3 エ 4 ソ 5 ス 6 ウ

4
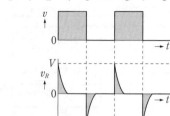

5 (1) $2\ \mu\mathrm{s}$ (2) $10\ \mathrm{ms}$

6 1 イ 2 エ 3 オ 4 キ

7

2 マルチバイブレータ （p. 60）

1 1, 2, 3 ア，イ，ウ 4 ク 5 オ 6 ス
7 コ 8 キ 9 サ

2 1 エ 2 ウ 3 エ 4 ア 5 ケ 6 キ
7 ウ 8 ウ 9 エ 10 キ 11 オ
12 ク 13 ク 14 オ 15 イ 16 ケ
17 ク 18 ク 19 エ 20 ウ 21 イ
22 イ 23 コ 24 エ 25 キ 26 カ

3 (1) $455\ \mathrm{Hz}$ (2) $45.5\ \mathrm{Hz}$

4 (1) $0.001\ \mu\mathrm{F}$ (2) $678\ \mathrm{pF}$

5 1 ウ 2 イ 3 ア 4 エ 5 Q 6 $\overline{Q}$
7 1 8 0 9 0 10 1 11 セット
12 リセット 13 禁止

6 $1.38\ \mathrm{ms}$

3 波形整形回路 (p. 64)

1 (1) ベースクリッパ

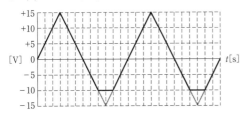

(2) ピーククリッパ

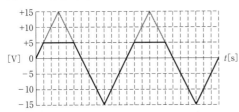

(3) スライサ

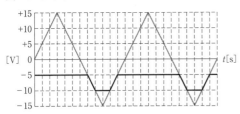

(4) リミタ

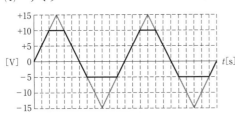

章末問題 (p. 65)

1 $f = 5\,\text{kHz},\ D = 0.05$ **2** $v_R = 10\,\varepsilon^{-1000\,t}$

3 $f \fallingdotseq 45.5\,\text{Hz}$ **4** 負クランプ

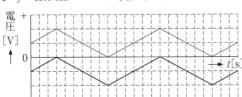

5

第7章 電源回路

1 電源回路の基礎 (p. 66)

1 1 カ 2 エ 3 ク 4 イ

2 30 V

3 1 N_1 2 N_2 3 V_1 4 V_2 5 I_2 6 I_1
  7 5

4 (1) $V_2 = 48\,\text{V}$ (2) $I_1 = 1\,\text{A},\ I_2 = 2\,\text{A}$
  (3) $R_L = 24\,\Omega$

5 解答例（各端子とダイオードの端子接続関係
  が同じであればよい。）

(1)
(2)
(3)

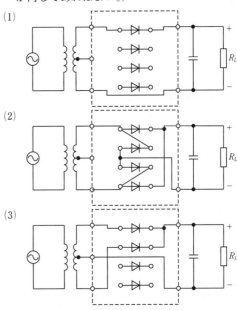

6 (1)半波整流回路

電圧の実効値 $V = \dfrac{\text{最大値}}{\sqrt{2}} = \dfrac{100}{\sqrt{2}} \fallingdotseq 70.7\,\text{V}$

(2) $V_o = 100 \times \dfrac{3}{10} = 30\,\text{V}$

(3)

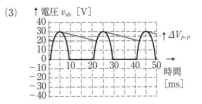

(4) コンデンサ平滑回路

(5) $V_{rp} = 2V_o = 2 \times 30 = 60\,\text{V}$ (6) リプル

(7) $\Delta V_{P\text{-}P} = 10\,\text{V}$ (8) $V_L = \dfrac{30 + 20}{2} = 25\,\text{V}$

(9) $\delta = \dfrac{V_o - V_L}{V_L} \times 100 = \dfrac{30 - 25}{25} \times 100 = 20\,\%$

(10) $\gamma = \dfrac{\Delta V_{P\text{-}P}}{V_L} \times 100 = \dfrac{10}{25} \times 100 = 40\,\%$

7 1 P_o 2 P_i

8 80%

2 直列制御電源回路 （p.69）

1 1 ウ 2 ア 3 エ 4 イ

2 1 イ 2 ウ 3 カ 4 キ 5 コ 6 ケ

   7 シ 8 タ 9 ソ 10 セ

3 スイッチング制御電源回路 （p.70）

1 スイッチング制御

2 スイッチング制御電源回路の構成

3 スイッチングレギュレータ方式

1 1 エ 2 ウ 3 ア 4 イ 5 オ

2 1 イ 2 ウ 3 カ 4 ウ 5 オ 6 ア

4 スイッチングレギュレータによる安定化回路

5 直列制御電源回路との比較

1 1 イ 2 エ 3 ケ 4 カ 5 キ

2 1 100 2 雑音 3 軽量 4 効率

章末問題 （p.72）

1

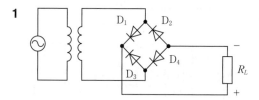

2 1 増加 2 増加 3 減少 4 減少

3 1 イ 2 エ 3 ウ 4 ア